PIERRE 皮耶・艾曼 HERMÉ MACARON

馬卡龍聖經

À Valérie, mon amoureuse, ma merveille.

獻給薇樂麗，我的愛，我的奇蹟。

PIERRE 皮耶・艾曼

HERMÉ

MACARON

馬卡龍聖經

攝影：Laurent Fau 洛洪・弗 和 Bernhard Winkelmann 伯納・溫克曼

美編：Coco Jobard 可可・喬巴

TK

La véritable histoire du macaron 關於我們的馬卡龍的眞實故事

Par Pierre Hermé & Charles Znaty

皮耶・艾曼&夏爾・澤拿蒂

我們有時會對馬卡龍的起源感到好奇，這樣的疑問一再地浮現。於是在決定出版第二部Macaron馬卡龍專書*時，立刻萌生詳盡說明「我們馬卡龍的眞實故事」的想法。讀者們期待這樣的介紹，並欣賞這些細節：口味不勝枚舉的馬卡龍，但每一顆都有它自己「眞實」的故事。如今在任何東西－或幾乎是任何東西－都唾手可得的世界裡，眞憑實據確實令人安心。在這樣的前提下，這本食譜就能成功。

在標題「馬卡龍的眞實故事」前加上「我們的名字」是刻意反映出在其他地方可能還有其他版本馬卡龍的故事存在，爲了避免這樣的言論，可能引起的筆戰。若不這麼做，我們彷彿可以預見這樣的景象：穿過法國南錫(Nancy)，從聖埃米利翁(Saint-Émilion)到聖讓德呂(Saint-Jean-de-Luz)，抗議活動可能一觸即發！我們很清楚阿斯泰利克斯(Astérix)[1]村子裡的人們誰都不怕。只有內鬥才會令他們產生激烈死傷。

人們應該瞭解，關於「我們的馬卡龍的眞實故事」，在馬卡龍前冠上「我們的」[2]是希望以親切地表達方式，來宣揚馬卡龍的獨特之處。完全不打算剝奪任何人的名聲，因此這裡的「眞實故事」指的僅僅是「我們的」眞實故事，是我們兩人自1990年相識後，一同體驗並經歷過的馬卡龍故事。在這段敘述中所提及的日期和人、事、物都眞實存在，而且會在這裡提起也絕非巧合。

我們想到第一則關於馬卡龍的軼事，來自彼特・奧布韋斯(Pit Oberweis)。他和妻子莫妮克(Monique)於1964年在盧森堡(Luxembourg)創立了奧布韋斯糕點店。彼特從此闖出了名號，而他的孩子們湯姆(Tom)和傑夫(Jeff)也憑著才華維持著家族傳統。1958年，彼特・奧布韋斯被富有盛名的史普利(Sprüngli)糕點店聘用爲糕點師傅。史普利糕點店坐落在蘇黎世的閱兵廣場(Paradeplatz)，於1836年由大衛・史普利(David Sprüngli)所設立。與彼特共事的是另一名同樣來自盧森堡大公國的學徒，卡米爾・史都德(Camille Studer)。他們在史普利糕點店工作期間，年輕的卡米爾想到用法式奶油餡(crème au beurre)製成的配料來組合兩個杏仁餅殼。這個創意幸運地取悅了史普利家族糕點店的第五代－理查・史普利(Richard Sprüngli)，並決定將這個作品命名爲「小盧森堡Luxemburgerli」，間接闡述糕點師傅的出身。「小盧森堡」一直是史普利糕點店的特產，全年不斷推出新口味，蘇黎世人也習慣用這個名稱來稱呼馬卡龍。尺寸明顯小於我們的馬卡龍。馬卡龍散發出的吸引力，加上感興趣的顧客群持續成長，促使史普利糕點店在櫥窗裡爲這精緻的馬卡龍賦予更重要的地位，並將蘇黎世閱兵廣場這家頗有歷史的店舖，改建爲更現代化的糕點店。

「小盧森堡Luxemburgerli」字尾的「li」是整個萊茵河谷地普遍的糕點傳統。皮耶•艾曼的父親，喬治•艾曼（Georges Hermé）也研發了各式各樣的花式小點（petits fours secs）。Spiegli爲內含帕林內夾心的榛果小餅乾，亦稱 Zungli，這些點心可供飯後或節慶的下午享用。喬治•艾曼也製作馬可洛尼（Makrönli），是一種用杏仁麵糊、白糖和蛋精心製成的小餅乾。大家必須瞭解，當時瑞士德語區的糕點店是所有歐洲糕點店和巧克力專賣店的典範。就像是由朱勒•普洛莉亞（Jules Perlia）所創立，並由吉伯•波內（Gilbert Ponée）所管理的COBA（École du chocolat de Bâle，巴塞爾巧克力學院），爲現代的巧克力製造業帶來了可觀的貢獻（參見由皮耶•艾曼所著的Le Chocolat apprivoisé，PHP出版社，2013年）。卡斯東•雷諾特（Gaston Lenôtre）本人每年都會到孚日（Vosges）一帶兩次，其中一次絕不會錯過拜訪他蘇黎世同業的機會。

當皮耶•艾曼於1976年開始，在雷諾特夫婦管理的大型巴黎糕點店學藝時，製作馬卡龍是一項非常重要的工作，並且受到嚴格的控管。技術層面上，馬卡龍的製作原理是將蛋白與手工杏仁麵糊混合。對剛脫離家族羽翼開始學藝的皮耶•艾曼而言，是項創新的技術。以他的口味來說，成品太甜，然而他卻驚訝地發現，這項商品在歐特伊（Auteuil）街的糕點店顧客群中多麼受到歡迎。這名年輕的學徒因爲純熟的技藝，特別受到馬卡龍製作團隊的讚賞。要像雷諾特先生一樣成功地製作馬卡龍，必須經過非常嚴格的訓練，而且每天都必須拿出眞正的看家本領。在由卡斯東•雷諾特帶領的實驗室中，只有少數幾名糕點師傅被允許製作馬卡龍，製作程序中所需的專業技術並非新手所能駕馭。雷諾特工作坊也製作香草馬卡龍，即以不夾入奶油餡的方式組合兩個餅殼，如今在亞朗•杜卡斯（Alain Ducasse）位於蒙地卡羅（Monte-Carlo）巴黎飯店（Hôtel de Paris）內的路易十五（Louis XV）餐廳菜單中還可以見到。在卡斯東•雷諾特的糕點店中，馬卡龍的餅殼是放在類似報紙的烤盤紙上烘烤。烤好後必須將紙弄濕，讓還微溫的餅殼變得具有黏性，可以兩兩組合在一起。這道程序同時也很耗費體力，因爲糕點師傅必須用手臂將炙熱的烤盤撐在洗碗槽上，同時又必須小心翼翼，用細小的水流淋在烤盤上以濕潤餅殼，但又不能使餅殼因過濕而化開。由於餅殼的烘烤是在多層的麵包烤箱（four à sole）中進行，因此必須將每個烤盤陸續往上移動，以利於操控溫度，同時糕點師傅必須站在特別用於進行這項動作的小凳子上並保持平衡。

雷諾特糕點店的人員中，只有亞朗•盧梭（Alain Rousseau）和理查•勒科（Richard Lecoq）獲准進行馬卡龍的麵糊製作（糕點術語中所稱的「masse」）。能夠和他們一起學習製作馬卡龍的麵糊是種特權，皮耶•艾曼必須展現出極具說服力的手藝和十足的耐心，證明他値得信賴，才能加入馬卡龍製作團隊。當時在雷諾特的糕點店中，同樣具有影響力的糕點師傅還包括丹尼爾•哈亢（Daniel Raguin）和尙-皮耶•德沛（Jean-Pierre Desprès）。教導皮耶•艾曼製作馬卡龍的就是這兩位。除此之外，如果沒有提到麵包師傅米歇爾•馬勒茲（Michel Malzis），那回憶的畫面就不夠完整，他是具傳奇色彩的關鍵，每日都能快速完成大量繁重的工作。

皮耶•艾曼終於成爲馥頌（Fauchon）食品的領導者，在馥頌瑪德蓮教堂（place de la Madeleine）總店，開始以另一種方法製作馬卡龍，這項技術是混合杏仁粉、糖粉和打發的蛋白。自1986年起，皮耶•艾曼進而研發新的口味－玫瑰、檸檬、開心果、焦糖。接著他決定改用另一種截然不同的製作方式，用義式蛋白霜作爲基底。當時，許多知名的糕點店都有其「獨家」的馬卡龍。例如盧森堡公園（jardin du Luxembourg）對面的Pons糕點店（後來成爲Dalloyau的分店），或是讓特羅卡迪羅（Trocadéro）廣場散步者大飽口福的Carette糕點店都是如此。値得一提的重要人物還包括佩爾蒂埃（Peltier）先生，同樣曾在卡斯東•雷諾特身旁學習，他在塞夫爾街（rue de Sèvres）上的糕點店讓全巴黎的人都爲之瘋狂。

我和瑪琍安娜•高莫里（Marianne Comolli）首度相遇時，她是美麗佳人（Marie-Claire）雜誌料理專欄的記者，她描述馥頌的馬卡龍是「巴黎最美味的馬卡龍」，由攝影師尙-路易•布許-林內（Jean-Louis Bloch-Lainé）爲我們拍攝了第一張照片，在設計師楊本諾（Yan D. Pennor's）的慫恿下，這是一張黑白靜物照，三塊馬卡龍協調地擺在馥頌糕點盒的一角。接著是拉魯斯出版《Secrets gourmands》食譜書，杏仁被列入糕點的主要食材。與時俱進，某天我們萌生了創立「馬卡龍專賣店Maison du Macaron」的想法，並在1993年向「法國工業財產權局Institut National de la Propriété Industrielle, INPI」註冊了商標，爲了日後專門用於相關活動上。

1995年，皮耶•艾曼開始在馬卡龍上嘗試更多不同口味的組合，這種風格是他糕點的特色，讓他創造出如青檸羅勒、玫瑰、荔枝覆盆子、巧克力焦糖等作品。1997年1月1日，我們和拉杜耶（Ladurée）已超過一年，關於未來合作的模式及雛形的討論後，在取得當時率領馥頌、普瑪（Prémat）夫人家族團隊的塞吉•吉永（Serge Guillon）同意下，展開了我們馬卡龍故事的全新篇章。

皮耶•艾曼離開馥頌到了拉杜耶，開始透過寫作來確立專業糕點製作的基礎技術與知識。事實上，皇家路（rue Royale）的拉

杜耶在兩年前由尚-馬希•戴楓丹（Jean-Marie Desfontaines）糕點家族頂讓給保羅烘焙（Boulangeries Paul）集團。前者離開皇家路的拉杜耶，是爲了到布高涅路（rue de Bourgogne）開設帕蒂耶（Pradier）糕點店。和許多同業一樣，戴楓丹先生將重要的糕點製作流程口頭傳授給他的製作團隊，團隊成員便成爲這些祕訣與知識的忠實傳承者。皮耶•艾曼就是在此時開始建立他極爲知名的「食譜卡fiche recette」系統，讓此後跟著他工作的糕點師傅都可以有依循的範本。他對技術的苛求傳承自卡斯東•雷諾特，而且始終如一，當年皇家路的拉杜耶在這方面爲他提供了一個幾乎全新的表現舞台。同年，拉杜耶的拓展計畫包含在香榭麗舍大道（Les Champs-Élysées）設立新的銷售點，這家店必須備有大量的糕點商品，於是我們決定在皇家路的拉杜耶工作坊裡集中製作馬卡龍，並在我們認爲最有發展前景的香榭麗舍大道店裡傳遞相關的商品訊息。櫥窗裡擺滿了馬卡龍－巧克力、苦甜巧克力、香草、咖啡、開心果、覆盆子、栗子、椰子...經過一年的時間，皇家路的拉杜耶有了很大的轉變。皮耶•艾曼請人買了一台旋風式烤箱，以及用來擠出馬卡龍餅殼麵糊的機器，同時稍頌這邊，也有重大的人員調動－帶頭的糕點師傅理查•勒都（Richard Ledu）和科雷特•貝特蒙（Colette Petremant**）及許多其他糕點師傅－前來加入我們的製作團隊。

1997一整年在巴黎、東京和紐約進行展示記者會，大家對馬卡龍的熱烈歡迎，鼓舞我們在所有需要的地方製作馬卡龍。收集調查工作由－薇樂麗•泰普（Valérie Taieb）率領，目標是找到可能合作的相關糕點店，並由我們的團隊提供協助，但最後卻徒勞無功。由於缺少調查的管道，再加上千款馬卡龍（mille et unes）的活動迫在眉睫，我們只好聽薇樂麗口述拉杜耶糕點店創始人－路易－歐內斯特•拉杜耶（Louis-Ernest Ladurée）這段令人心生嚮往的故事...對我們來說，這並非海市蜃樓：馬卡龍必然會成爲皮耶•艾曼作品中的旗艦產品，因爲正如同他喜歡形容它們爲「幾克的幸福ces quelques grammes de bonheur」，他以創造力爲它們提供了理想的表達空間。首先由於馬卡龍代表著技術上的挑戰：近二十年來，皮耶•艾曼不斷重新詮釋他的配方和製作技術，目的是讓馬卡龍在我們的店裡可以受到細心呵護，並能夠永恆地發展。接著是「味道」表現的可能性－皮耶•艾曼偏愛的領域－讓無止盡的口味變化成爲可能。我們因而開始編輯並販售上百種不同的馬卡龍，在他用來記錄腦海中靈感的小本子上，也還有十幾種口味。2001年8月28日，由楊本諾設計的店面於巴黎波拿巴街（rue Bonaparte）72號開幕時，櫥窗的一角放著空盒，均衡地搭上幾片馬卡龍，再度由尚-路易•布許-林內操刀攝影－只不過這回是彩色的－他早在十年前便有此想法，如今終於將想像化爲現實，引起了廣大的迴響。

2005年，爲了邀請糕點同業加入Relais Dessert協會[3]，我們發起了馬卡龍的推廣活動，先設立「馬卡龍日le Jour du macaron」。概念是在這一天，將平常銷售的馬卡龍，改爲免費發送，藉此讓它變得更大衆化，但這樣的舉動可能會招來某些同業的不快；考量到這點，我們也制定了發送的份額和附帶條件，讓獲贈的快樂受惠者，也能合理地回饋捐款給公益團體。九年後，獲得的迴響遠超乎我們預期。推波助瀾下，日本、倫敦、香港，還有歐洲的主要城市也舉辦了同樣的活動，最近連美國也加入了行列。藉由「馬卡龍日」所募集到的款項讓纖維化囊腫協會（Vaincre la mucoviscidose）、喜願協會（Make a wish協會主旨是實現病童的心願），和NPO罕見疾病兒童支援全國網站（Nanbyo-net病童度假村）等協會推行的計畫有更充裕的資金。從此世界各地的餐飲業者都紛紛推出馬卡龍這樣的商品，其中也包括那些靠著漢堡、薯條和汽水打出知名度的連鎖食品。我們最近甚至在廣告宣傳中看到馬卡龍取代了長棍麵包，成爲法國的象徵。簡而言之，這正是我們認爲替馬卡龍撰寫一本新書是非常合情合理的原因。

皮耶•艾曼許多馬卡龍的食譜都成了經典。人們在世界各地幾乎隨處可見，受到伊斯巴翁Ispahan(玫瑰、覆盆子和荔枝）啓發的玫瑰馬卡龍，或是類似Mogador摩加多爾（牛奶巧克力和百香果），輕撒上可可粉的黃色馬卡龍，以及仿效Mosaïc馬賽克（開心果和酸櫻桃）的雙色餅殼馬卡龍。相反地，在我們推出Blanc cousu main(白色手繪）系列之際，白松露無限馬卡龍則很少見，應該說這種口味是專爲老饕級的消費者所設計，其他的「Infiniment 無限」系列馬卡龍則陸續增加，像是由一束來自墨西哥、大溪地和馬達加斯加的香草莢組合而成的InfinimentVanille香草無限，從各個品種中汲取了最棒的香氣，構成專屬於我們店裡的特殊香草口味。2006年皮耶•艾曼推出他所使用，頂級產地巧克力的概念，考量到其固有的特性，這些巧克力值得以特定的配方進行製作。同時，我們也開始推出數種巧克力馬卡龍，讓我們的顧客能夠品嚐領略各種配方的細微差異。因此誕生了以委內瑞拉純可可豆製成的Infiniment chocolat Porcelana精瓷巧克力無限、Pedregal佩多黎各莊園，和以委內瑞拉純可可豆製成的Infiniment chocolat Chuao楚奧巧克力無限。由於使用的巧克力是由同一產地採收的單一品種可可豆所製成，容易受到季節變換所影響，因此這些馬卡龍的銷售期極短，只在精選可可豆的產季限量推出。近期皮耶•艾曼的店裡同時推出兩種macaron Infiniment café咖啡無限馬卡龍，是以兩種來自不同產地且味道強烈的咖啡所製成：留尼旺尖身波旁咖啡（Bourbon pointu de la Réuion）和巴西IAPAR ROUGE咖啡。

2008年，受到一開始率領我們共同行動的那股熱情所驅使，著手設立第一間巴黎皮耶艾曼的馬卡龍與巧克力專賣店boutique Macarons & Chocolats Pierre Hermé Paris。一個善意的偶然讓我們發現這間坐落在康朋街（rue Cambon）4號的不起眼店面。過去香奈兒女士（Mademoiselle Chanel）每天都會穿過這條街的另一頭，往返麗茲酒店（Hôtel Ritz）的套房和她31號的工作室。同樣令人驚訝的是，時至今日可能還是會有人抗拒這項計畫，而這樣的反對聲浪並不容易平息。不論怎麼做，總是會有皮提亞（阿波羅的女祭司）預測你的未來，不看好這家店能夠成功。什麼！皮耶•艾曼的店裡沒有賣糕點？簡直不可思議！然而對此我們也束手無策。但改變的必要性驅使我們下定決心：波拿巴街和沃日拉爾路（rue de Vaugirard）的店面已經太小，無法爲這些年來陸續增加的所有作品提供遮風擋雨的地方。我們店裡的馬卡龍和巧克力必須裝進相應大器的珠寶盒裡。儘管擴店初期災難不斷，但首次活動的成功增強了我們的信心，讓我們決定繼續下去。我們的馬卡龍就這樣踏上了它的旅程，首先是倫敦，接著是史特拉斯堡（Strasbourg），同樣地也將這項活動擴大到日本。設立在康朋街的這間馬卡龍專賣店顯然前景看好，已故的菲力普•塞崗（Philippe Séguin）仍任職審計法院主席時經常造訪；而香奈兒的總裁方索瓦•蒙特內（François Montenay）則幫忙引薦我們進入法國精品協會（Comité Colbert）。

在世界各地的糕點店、飯店、小酒館、美食餐廳裡，馬卡龍文化已經流行了起來，它成了一種世界語言。許多國家執意要將Macaron寫成Macaroons，因爲馬卡龍一詞已如莎士比亞的經典般，在各地建立了名聲。但這是不幸的錯誤！ Macaron是同形異義詞。對多數美國人而言，這名詞總是用來表示一種以椰子爲基底做成的餅乾...在美國影集《花邊教主Gossip Girl》第二季的重要片段中，女主角布萊兒（Blair）再度見到已經離她而去的愛人時，對方解釋失蹤的原因：I was in Paris to get you your favorite macaroons from Pierre Hermé.（我去巴黎買妳最愛的皮耶艾曼馬卡龍了***）。因此當2010年我們首度進駐倫敦，在發給每位顧客的宣傳單封面，特別標註了馬卡龍的法文讀音[makarɔ̃][4]以自娛。從2012年開始鞏固在國際上的能見度，在Macaron馬卡龍第一版出版時，已能在十幾個國家見到我們的馬卡龍和巧克力。皮耶•艾曼最近構思出的幾道配方，「Jardins花園」和「Veloutés絲絨」系列也理所當然地出現在本書接下來的章節中。

*第一本皮耶·艾曼《Macaron馬卡龍》Agnès Viénot出版社，2008年（已絕版）。
**分別爲巴黎和日本皮耶艾曼糕點店的店長，以及巴黎皮耶艾曼馬卡龍與巧克力工廠的廠長。
***《Gossip Girl花邊教主》是喬許·舒瓦茲（Josh Schwartz）與史蒂芬妮·薩維奇（Stephanie Savage）根據塞西莉·馮·齊格薩（Cecily von Ziegesar）的著作所拍攝的美國影集，第二季，25集，2008-2009年。

[1] 阿斯泰利克斯（Astérix）爲法國著名漫畫《阿斯泰利克斯歷險記》中的主角。漫畫內容主要講述一個頑強抵抗羅馬人入侵的高盧村莊的故事。
[2] 例如巴黎聖母院的原文：Notre Dame，直譯爲：「我們的」女士。在名詞前冠上「我們的」是一種帶有情感的表達法。
[3] Relais Dessert協會爲國際糕點師專業協會。
[4] [makarɔ̃]法文的r發音近似中文的「呵」。

編註：

‧本書中所譯的青檸是citron vert，黃檸檬是citron jaune。

‧未經加工處理的檸檬（或柳橙），未經加工處理是指表皮未上蠟，也沒有農藥的疑慮。

‧為方便讀者正確購得Pierre Hermé大師所使用的材料，部分材料會標示法文原文，最後並加註品牌名。
ex：食用紅金粉（Poudre scintillante rubis）（PCB）
↑法文原文 ↑品牌名

Sommaire
目錄

D'APPRENTI
À INTERPRÈTE
傳承者的詮釋

Les classiques de mon apprentissage
& leur réinterprétation
我學藝期間的經典作品 & 重新詮釋

Macaron Chocolat
巧克力馬卡龍

以下是我在普西兒的雷諾特（Lenôtre à Plaisir）所習得的馬卡龍餅殼麵糊配方。主要是以未處理的杏仁所製成，而且杏仁必須去皮。去皮後的杏仁接著必須乾燥48小時後才能使用。

約72顆馬卡龍
（約需144片餅殼）
準備：20 MIN（提前二天）+ 40 MIN
烹調：2 MIN（提前二天）+ 35 MIN
乾燥：48 H + 1 H
冷藏：2 H + 24 H

○

LE BISCUIT MACARON CHOCOLAT
巧克力馬卡龍餅殼

240克 未去皮的整顆杏仁
480克 糖粉
70克 新鮮蛋白
20克 杏桃果肉（pulpe d'abricot）
20克 可可粉
5克 水
0.5克 液狀胭脂紅（rouge carmin）食用色素

○○

LA FINITION DU BISCUIT MACARON
馬卡龍餅殼的最後處理

110克 新鮮蛋白

○○○

LA GANACHE CHOCOLAT
巧克力甘那許

320克 可可脂含量61%的苦甜巧克力（chocolat extra-bitter）（Valrhona）
220克 全脂鮮乳
100克 奶油（Viette）

提前二天，將整顆的杏仁浸泡在沸水中2分鐘。瀝乾，立刻將杏仁去皮。將去好皮的杏仁鋪在放有數張吸水紙的盤子上。在室溫下晾乾48小時。

前一天，將杏仁和一些糖粉一起放入食物料理機中。攪打後再混入剩餘的糖粉，接著加入70克的蛋白、杏桃果肉、可可粉和滲水稀釋的食用色素。

將110克的蛋白攪打成具有光澤的蛋白霜。與食物料理機內的材料混合。拌勻後倒入裝有11號平口擠花嘴的擠花袋中。

在鋪有烤盤紙的烤盤上，間隔2公分地擠出直徑約3.5公分的圓形麵糊。將烤盤朝鋪有廚房布巾的工作檯輕敲，讓餅狀麵糊稍微攤開。在室溫下靜置至少1小時，讓餅殼麵糊的表面結皮。

將旋風式烤箱預熱至150℃（熱度5）。將烤盤放入烤箱。烘烤15分鐘，期間將烤箱門快速打開二次，讓濕氣散出。出爐後，將一片片的馬卡龍餅殼擺在工作檯上。

製作巧克力甘那許。用鋸齒刀將巧克力切碎，以隔水加熱或微波的方式，將巧克力加熱至45℃/50℃，讓巧克力融化。將牛乳煮沸，分三次倒入融化的巧克力中，並從中央開始，慢慢朝外以繞圈的方式小心地攪拌。以手持式電動攪拌棒將甘那許打至均勻。

將奶油小塊小塊地混入。以手持式電動攪拌棒將甘那許打至均勻。倒入焗烤盤中，將保鮮膜緊貼在甘那許上。冷藏保存2小時，直到甘那許變爲乳霜狀。接著放入裝有11號平口擠花嘴的擠花袋中。

將一半的餅殼翻面，平坦朝上放在一張烤盤紙上。將甘那許擠在餅殼上，蓋上另一半的餅殼並輕輕按壓。

將馬卡龍冷藏保存24小時。在品嚐前2小時取出。

Macaron Infiniment chocolat Chuao

楚奧巧克力無限馬卡龍

約72顆馬卡龍
（約需144片餅殼）
準備：5 MIN（提前五天，
見「步驟圖解」）
烹調：約15-18 MIN
乾燥：30 MIN
冷藏：3 H + 2 H + 24 H

○

LES ÉCLATS DE CHOCOLAT CHUAO À LA FLEUR DE SEL
鹽之花楚奧巧克力碎片

150克 可可脂含量68%的楚奧巧克力（chocolat Chuao）（Valrhona）
2克 葛宏德鹽之花（fleur de sel de Guérande）

○○

LE BISCUIT MACARON CHOCOLAT
巧克力馬卡龍餅殼

120克 可可脂含量100%的可可塊（cacao pâte）（Valrhona）
300克 糖粉
300克 杏仁粉
0.5克 液狀胭脂紅（rouge carmin）食用色素
110克 + 110克 蛋白液（見「步驟圖解」）
75克 礦泉水
300克 細砂糖

○○○

LA GANACHE INFINIMENT CHOCOLAT CHUAO
楚奧巧克力無限甘那許

370克 可可含量68%的楚奧巧克力（Valrhona）
340克 液狀法式鮮奶油（crème fraîche liquide）（脂肪含量32至35%）
110克 室溫軟化的奶油（Viette）

○○○○

LA FINITION 最後加工

食用紅金粉（Poudre scintillante rubis）（PCB）

楚奧Chuao巧克力因其稀有、帶有淡煙草和香料味的獨特芳香，以及吃進嘴裡甜美柔滑的餘韻，而成爲世上最受好評的巧克力之一。它來自委內瑞拉（Venezuela）北部一個叫做楚奧的小村莊，而且是個只能從海上乘船才到得了的地方。

前一天，開始製作鹽之花楚奧巧克力碎片。用擀麵棍將烤盤紙上的鹽之花壓碎。

用鋸齒刀將巧克力切碎，以隔水加熱或微波的方式，將巧克力加熱至45℃/50℃，讓巧克力融化。將壓碎的鹽之花混入巧克力中。將融化的巧克力倒入塑膠袋（冷凍袋）內。當您將融化的巧克力倒入袋內，巧克力會形成結實的團塊；您必須用抹刀（spatule）抹平，以形成薄薄的一層。將重量分攤至整個表面，以免巧克力變形。

冷藏保存至少3小時。冷藏過後，用擀麵棍將袋中的巧克力壓成小碎片。再次冷藏保存。

製作巧克力馬卡龍餅殼。用鋸齒刀將可可塊切碎，以隔水加熱或微波的方式，將可可塊加熱至45℃/50℃，讓可可塊融化。將糖粉和杏仁粉一起過篩。

在110克的蛋白中混入食用色素。倒入糖粉和杏仁粉的備料中，不要攪拌。

將礦泉水和砂糖煮沸至電子溫度計達118℃。當糖漿到達115℃時，開始將另外110克的蛋白以電動攪拌器打成蛋白霜。

將煮至118℃的糖漿淋在打好的蛋白霜上。持續攪打冷卻至50℃。將一部分蛋白霜混入融化的可可塊中。將這混合物加入糖粉、杏仁粉、蛋白和剩餘蛋白霜等備料中，一邊拌勻，一邊爲麵糊排掉多餘空氣。全部倒入裝有11號平口擠花嘴的擠花袋中。

在鋪有烤盤紙的烤盤上，間隔2公分地擠出直徑約3.5公分的圓形麵糊。將烤盤朝鋪有廚房布巾的工作檯輕敲，讓餅狀麵糊稍微攤開，撒上紅金粉。在室溫下靜置至少30分鐘，讓餅殼麵糊的表面結皮。

將旋風式烤箱預熱至180℃（熱度6）。將烤盤放入烤箱。烘烤12分鐘，期間將烤箱門快速打開二次，讓濕氣散出。出爐後，將一片片的馬卡龍餅殼擺在工作檯上。

製作楚奧巧克力無限甘那許。用鋸齒刀將巧克力切碎，以隔水加熱或微波的方式，將巧克力加熱至45℃/50℃，讓巧克力融化。

將液狀法式鮮奶油煮沸。分三次倒入融化的巧克力中，並從中央開始，慢慢朝外以繞圈的方式小心地攪拌。以手持式電動攪拌棒攪打至甘那許變得均勻。

將奶油小塊小塊地混入。以手持式電動攪拌棒攪打至甘那許變得均勻。倒入焗烤盤中，將保鮮膜緊貼在甘那許上。冷藏保存2小時，直到甘那許變爲乳霜狀。將乳霜狀的甘那許放入裝有11號平口擠花嘴的擠花袋中。

將一半的餅殼翻面，平坦朝上放在一張烤盤紙上。將甘那許擠在餅殼上，在中央輕輕插入鹽之花巧克力碎片。再擠上一點甘那許。蓋上另一半的餅殼並輕輕按壓。

將馬卡龍冷藏保存24小時。在品嚐前2小時取出。

À Chuao,
la coopérative ouvrière
agricole produit 24 tonnes
de fèves par an. Seuls
quelques acheteurs auront
le privilège de se partager
les fèves dont la qualité
n'a d'égale que la rareté.

楚奧的農工合作社每年生產 24 噸的可可豆。
只有少數幾名買家具有共享這些可可豆的特權，
而它的品質就跟它的稀有程度一樣可貴。

Macaron Vanille

香草馬卡龍

香草馬卡龍不夾餡料。
這是當時的傳統，
而我們在雷諾特糕點店中
也遵循這樣的作法。
這些馬卡龍餅殼的麵糊
只用香草粉來調味。
這是一道必須在烤盤紙下
沖水的配方，
目的是爲了讓餅殼可以從
烤盤紙上取下。

約72顆馬卡龍
(約需144片餅殼)
準備：20 MIN(提前二天)+30分鐘
烹調：2 MIN+13 MIN(當天)
乾燥：48 H+1 H
冷藏：24 H

○

LE BISCUIT MACARON
馬卡龍餅殼

240克 未去皮的整顆杏仁
480克 糖粉
70克 新鮮蛋白
20克 杏桃果肉
10克 香草粉（vanille en poudre）

○○

LA FINITION DU BISCUIT MACARON
馬卡龍餅殼的最後處理

110克 新鮮蛋白

*香草粉（vanille en poudre）是將香草莢乾燥後磨成細粉。

提前二天，將整顆的杏仁浸泡在沸水中2分鐘。瀝乾，立刻將杏仁去皮。將去好皮的杏仁鋪在放有數張吸水紙的盤子上。在室溫下晾乾48小時。

前一天，將杏仁和一些糖粉一起放入食物料理機中。攪打後再混入剩餘的糖粉，接著加入70克的蛋白、杏桃果肉、和香草粉。

將110克的蛋白攪打成具有光澤的蛋白霜。與食物料理機內的材料混合，拌勻後倒入裝有11號平口擠花嘴的擠花袋中。

在鋪有烤盤紙的烤盤上，間隔2公分地擠出直徑約3.5公分的圓形麵糊。在室溫下靜置至少1小時，讓餅殼麵糊的表面結皮。

將旋風式烤箱預熱至150℃(熱度5)。將烤盤放入烤箱。烘烤13分鐘，期間將烤箱門快速打開二次，讓濕氣散出。

出爐後，將冷水淋在烤盤紙下方。將烤盤紙擺在網架上，把馬卡龍餅殼從紙上剝下，然後兩兩黏在一起。

將馬卡龍冷藏保存24小時。在品嚐前2小時取出。

Macaron Infiniment vanille

香草無限馬卡龍

我想透過組合數種來源的香草豆莢，
來創造出屬於自己的香草風味。
大溪地的香草
提供了濃郁且豐富的基底；
馬達加斯加的香草
帶進了木頭的香；
而墨西哥的香草
則呈現出花香。

前一天，製作香草馬卡龍餅殼。將糖粉、杏仁粉和香草粉一起過篩。

將110克的蛋白倒入上述的備料中，不要攪拌。

將礦泉水和砂糖煮沸至電子溫度計達118℃。當糖漿到達115℃時，開始將另外110克的蛋白以電動攪拌器打成蛋白霜。

將煮至118℃的糖淋在蛋白霜上。攪打冷卻至50℃，然後將義式蛋白霜混入糖粉、杏仁粉和蛋白的備料中，一邊拌勻，一邊爲麵糊排掉多餘空氣。全部倒入裝有11號平口擠花嘴的擠花袋中。

在鋪有烤盤紙的烤盤上，間隔2公分地擠出直徑約3.5公分的圓形麵糊。將烤盤朝鋪有廚房布巾的工作檯輕敲，讓餅狀麵糊稍微攤開。在室溫下靜置至少30分鐘，讓餅殼麵糊的表面結皮。

約72顆馬卡龍
(約需144片餅殼)
準備：5 MIN(提前五天，請參考「步驟圖解」)
浸泡：30 MIN
烹調：約18至20 MIN
乾燥：30 MIN
冷藏：6 H + 24 H

○

LE BISCUIT MACARON VANILLE
香草馬卡龍餅殼

300克 糖粉
300克 杏仁粉
110克 + 110克 蛋白液（請參考「步驟圖解」）
3克 香草粉
75克 礦泉水
300克 細砂糖

○○

LA GANACHE À LA VANILLE DE TAHITI, DE MADAGASCAR, DU MEXIQUE
大溪地、馬達加斯加、墨西哥香草甘那許

2根 大溪地香草莢
2根 馬達加斯加香草莢
2根 墨西哥香草莢
335克 液狀法式鮮奶油（脂肪含量32至35%）
375克 可可脂含量35%的白巧克力（Valrhona Ivoire）

*香草粉（vanille en poudre）是將香草莢乾燥後磨成細粉。

將旋風式烤箱預熱至180℃(熱度6)。將烤盤放入烤箱。烘烤12分鐘，期間將烤箱門快速打開二次，讓濕氣散出。出爐後，將一片片的馬卡龍餅殼擺在工作檯上。

製作香草甘那許。將6根香草莢縱向剖開成兩半。用刀將籽刮下。將香草籽和去籽的香草莢放入液狀法式鮮奶油中。將鮮奶油煮沸，離火加蓋，浸泡30分鐘。用鋸齒刀將白巧克力切碎，以隔水加熱或微波的方式，將白巧克力加熱至45℃/50℃，讓白巧克力融化。

將鮮奶油過濾並再度煮沸。分三次倒入融化的白巧克力中，並從中央開始，慢慢朝外以繞圈的方式小心地攪拌。

倒入焗烤盤中，將保鮮膜緊貼在香草甘那許的表面。冷藏保存6小時，直到香草甘那許變爲乳霜狀。將乳霜狀的香草甘那許放入裝有11號平口擠花嘴的擠花袋中。

將一半的餅殼翻面，平坦朝上放在一張烤盤紙上。將香草甘那許擠在餅殼上，蓋上另一半的餅殼並輕輕按壓。

將馬卡龍冷藏保存24小時。在品嚐前2小時取出。

Macaron Café

咖啡馬卡龍

約72顆馬卡龍
(約需144片餅殼)
準備:20 MIN(提前二天)+ 40 MIN
烹調:約25分鐘
乾燥:48 H + 1 H
冷藏:2 H + 24 H

○

LE BISCUIT MACARON
馬卡龍餅殼

240克 未去皮的整顆杏仁
480克 糖粉
70克 新鮮蛋白
20克 杏桃果肉
16克 濃縮咖啡液(Trablit)
1.5克 液狀黃色(jaune)食用色素

○○

LA FINITION DU BISCUIT MACARON
馬卡龍餅殼的最後處理

110克 新鮮蛋白

○○○

LA MERINGUE ITALIENNE
義式蛋白霜

35克 礦泉水
125克 + 5克 細砂糖
65克 蛋白

○○○○

LA CRÈME ANGLAISE 英式奶油醬

90克 全脂鮮乳
70克 蛋黃
40克 細砂糖

○○○○○

LA CRÈME AU BEURRE CAFÉ
法式咖啡奶油餡

450克 室溫軟化的奶油(Viette)
3克 即溶咖啡粉(poudre de café soluble)
3克 礦泉水
3克 濃縮咖啡液(essence de café)(Trablit)
175克 義式蛋白霜

我從雷諾特學到的咖啡馬卡龍,內餡是法式咖啡奶油餡。並以即溶咖啡粉和咖啡精(extrait de café)賦予它咖啡風味。

提前二天,將整顆的杏仁浸泡在沸水中2分鐘。瀝乾,立刻將杏仁去皮。將去好皮的杏仁鋪在放有數張吸水紙的盤子上。在室溫下晾乾48小時。

前一天,將杏仁放入食物料理機,並加入一些糖粉。攪打後再混入剩餘的糖粉,接著加入70克的蛋白、杏桃果肉、濃縮咖啡液和食用色素。

將110克的蛋白攪打成具有光澤的蛋白霜。與食物料理機內的材料混合,拌勻後倒入裝有11號平口擠花嘴的擠花袋中。

在鋪有烤盤紙的烤盤上,間隔2公分地擠出直徑約3.5公分的圓形麵糊。在室溫下靜置至少1小時,讓餅殼麵糊的表面結皮。

將旋風式烤箱預熱至150℃(熱度5)。將烤盤放入烤箱。烘烤13分鐘,期間將烤箱門快速打開二次,讓濕氣散出。出爐後,將一片片的馬卡龍餅殼擺在工作檯上。

製作義式蛋白霜。將礦泉水和砂糖煮沸至電子溫度計達121℃。一煮沸就用蘸濕的糕點刷(pinceau à pâtisserie)擦拭鍋緣。在糖漿達115℃時,開始將蛋白和5克的細砂糖打發至呈現尖端下垂的「鳥嘴狀」,也就是說不要過度打發。緩緩地倒入煮至121℃的糖漿,持續以中速攪打至蛋白霜冷卻。

製作英式奶油醬。將牛乳煮沸,在另一個缽盆中攪拌蛋黃和糖,直到混合物泛白。將牛乳倒入,一邊快速攪打。將混合物倒回平底深鍋中並以文火加熱,期間持續攪拌,加熱至電子溫度計測量達85℃—由於含有大量的蛋,這道奶油醬會很容易黏鍋。攪拌後倒入裝有網狀攪拌棒的電動攪拌器中,以中速打至奶油醬冷卻。

製作法式咖啡奶油餡。用電動攪拌器攪打奶油5分鐘。加入冷卻的英式奶油醬、摻水還原的即溶咖啡粉(Nescafé)和濃縮咖啡液。再度用電動攪拌器攪打,接著將上述備料裝入深缽盆中,慢慢分次混入175克的義式蛋白霜。將這法式咖啡奶油餡倒入裝有11號平口擠花嘴的擠花袋中。

將一半的餅殼翻面,平坦朝上放在一張烤盤紙上。將法式咖啡奶油餡擠在餅殼上,蓋上另一半的餅殼並輕輕按壓。

將馬卡龍冷藏保存24小時。在品嚐前2小時取出。

Macaron Infiniment café

咖啡無限馬卡龍

約72顆馬卡龍
（約需144片餅殼）
準備：5 MIN（提前五天，見「步驟圖解」）
浸泡：3 MIN
烹調：約16-18 MIN
乾燥：30 MIN
冷藏：6 H + 24 H

○

LE BISCUIT MACARON CAFÉ
咖啡馬卡龍餅殼

300克 糖粉
300克 杏仁粉
30克 濃縮咖啡液（essence de café）（Trablit）
110克 + 110克 蛋白液（見「步驟圖解」）
75克 礦泉水
300克 細砂糖

○○

LA GANACHE AU CAFÉ IAPAR ROUGE DU BRÉSIL
巴西IAPAR ROUGE咖啡甘那許

30克 巴西IAPAR ROUGE咖啡（L'Arbre à Café）
450克 可可脂含量35%的白巧克力（Valrhona Ivoire）
520克 液狀法式鮮奶油（脂肪含量32至35%）

咖啡無限
是我和巴黎咖啡樹咖啡館
（L'Arbre à Café）創辦人－
伊波利特・柯蒂（Hippolyte Courty）
一起以咖啡創作出來的作品。
巴西IAPAR ROUGE咖啡
同時具有濃烈和甘醇的味道，
並帶有巧克力、肉桂、香料的芳香，
以及些許尤加利樹
鮮明辛辣的風味。
一款非常特別的咖啡！

前一天，製作咖啡馬卡龍餅殼。將糖粉和杏仁粉一起過篩。

在110克的蛋白中混入濃縮咖啡液。倒入糖粉和杏仁粉的備料中，不要攪拌。

將礦泉水和砂糖煮沸至電子溫度計達118℃。當糖漿到達115℃時，開始將另外110克的蛋白以電動攪拌器打成蛋白霜。

將煮至118℃的糖漿淋在蛋白霜上。攪打冷卻至50℃，然後將義式蛋白霜混入糖粉、杏仁粉和蛋白的備料中，一邊拌勻，一邊爲麵糊排掉多餘空氣。全部倒入裝有11號平口擠花嘴的擠花袋中。

→ 在鋪有烤盤紙的烤盤上，間隔2公分地擠出直徑約3.5公分的圓形麵糊。將烤盤朝鋪有廚房布巾的工作檯輕敲，讓餅狀麵糊稍微攤開。在室溫下靜置至少30分鐘，讓餅殼麵糊的表面結皮。

將旋風式烤箱預熱至180℃(熱度6)。將烤盤放入烤箱。烘烤12分鐘，期間將烤箱門快速打開二次，讓濕氣散出。出爐後，將一片片的馬卡龍餅殼擺在工作檯上。

製作咖啡甘那許。用鋸齒刀將巧克力切碎，以隔水加熱或微波的方式，將巧克力加熱至45℃/50℃，讓巧克力融化。

用咖啡磨豆機(moulin à café)將咖啡豆磨成粉。將液狀法式鮮奶油煮沸。加入研磨咖啡粉並加以攪拌。加蓋，浸泡3分鐘。用細孔的漏斗型濾網(chinois)過濾浸泡過咖啡的鮮奶油，接著分三次倒入已融化的巧克力中，並從中央開始，慢慢朝外以繞圈的方式小心地攪拌，成爲甘那許。

將完成的甘那許倒入焗烤盤中，將保鮮膜緊貼在甘那許的表面。冷藏保存6小時，直到甘那許變爲乳霜狀。將乳霜狀的甘那許放入裝有11號平口擠花嘴的擠花袋中。

將一半的餅殼翻面，平坦朝上放在一張烤盤紙上。將甘那許擠在餅殼上，蓋上另一半的餅殼並輕輕按壓。

將馬卡龍冷藏保存24小時。在品嚐前2小時取出。

*J'ai toujours pris
le temps de comprendre
les produits que j'utilise,
d'en connaître l'histoire,
les origines, la fabrication,
de rencontrer les hommes
et les femmes qui en sont
à l'origine.*

我總是會花時間瞭解我所使用的食材，
認識它的故事、來源產地、製造方式，並和負責生產的人們碰面。

Macaron Framboise

覆盆子馬卡龍

約72顆馬卡龍
(約需144片餅殼)
準備：20 MIN(提前二天) + 30 MIN
烹調：約20 MIN
乾燥：48H + 1 H
冷藏： 24 H

○

LA CONFITURE DE FRAMBOISES PÉPINS
帶籽覆盆子果醬

500克 新鮮覆盆子(或冷凍覆盆子整顆/碎粒)
300克 細砂糖
7.5克 果膠(pectine)(或1包Vitpris牌果膠)
50克 新鮮黃檸檬汁

○○

LE BISCUIT MACARON FRAMBOISE
覆盆子馬卡龍餅殼

240克 未去皮的整顆杏仁
480克 糖粉
1克 液狀覆盆子紅(rouge framboise)食用色素
70克 新鮮蛋白
20克 杏桃果肉

○○○

LA FINITION DU BISCUIT MACARON
馬卡龍餅殼的最後處理

110克 新鮮蛋白

覆盆子馬卡龍的內餡
既非甘那許，也非奶油醬，
而是以帶籽的覆盆子果醬所製成。
這道果醬
是我在雷諾特學藝期間
習得的配方。

提前二天，將整顆的杏仁浸泡在沸水中2分鐘。瀝乾，立刻將杏仁去皮。將去好皮的杏仁鋪在放有數張吸水紙的盤子上。在室溫下晾乾48小時。

前一天，製作帶籽覆盆子果醬。用手持式電動攪拌棒攪打覆盆子10分鐘。混入糖和果膠，攪打30秒。將打好的果泥放入3層厚底的不鏽鋼平底深鍋中。煮沸後再續煮4至5分鐘。將平底深鍋離火。在果醬中混入檸檬汁並加以攪拌。

將上述備料倒入焗烤盤中，放涼。將保鮮膜緊貼在果醬上。冷藏保存至隔天。

製作覆盆子馬卡龍餅殼。將杏仁和一些糖粉一起放入食物料理機中。攪打後再混入剩餘的糖粉。再度攪打，接著加入以70克蛋白稀釋的食用色素和杏桃果肉，打至均勻。

將110克的蛋白打發成具有光澤的蛋白霜。與食物料理機內的材料混合，拌勻後倒入裝有11號平口擠花嘴的擠花袋中。

在鋪有烤盤紙的烤盤上，間隔2公分地擠出直徑約3.5公分的圓形麵糊。在室溫下靜置至少1小時，讓餅殼麵糊的表面結皮。

將旋風式烤箱預熱至150°C(熱度5)。將烤盤放入烤箱。烘烤13分鐘，期間將烤箱門快速打開二次，讓濕氣散出。出爐後，將一片片的馬卡龍餅殼擺在工作檯上。

將帶籽覆盆子果醬倒入裝有11號平口擠花嘴的擠花袋中。將一半的餅殼翻面，平坦朝上放在一張烤盤紙上。將果醬擠在餅殼上。蓋上另一半的餅殼並輕輕按壓。

將馬卡龍冷藏保存24小時。在品嚐前2小時取出。

Macaron Infiniment framboise

覆盆子無限馬卡龍

重新詮釋以帶籽覆盆子果醬
製作的傳統馬卡龍內餡。
企圖獲得一種
盡可能接近天然的覆盆子風味，
入口後盡是鮮明的覆盆子果香，
而非糖漬過的果醬味。

前一天，製作覆盆子馬卡龍餅殼。將糖粉和杏仁粉一起過篩。

在110克的蛋白中混入食用色素。倒入糖粉和杏仁粉的備料中，不要攪拌。

將礦泉水和砂糖煮沸至電子溫度計達118℃。當糖漿到達115℃時，開始將另外110克的蛋白以電動攪拌器打成蛋白霜。

將煮至118℃的糖漿淋在蛋白霜上。攪打冷卻至50℃，然後將義式蛋白霜混入糖粉、杏仁粉和蛋白的備料中，一邊拌勻，一邊爲麵糊排掉多餘空氣。全部倒入裝有11號平口擠花嘴的擠花袋中。

在鋪有烤盤紙的烤盤上，間隔2公分地擠出直徑約3.5公分的圓形麵糊。將烤盤朝鋪有廚房布巾的工作檯輕敲，讓餅狀麵糊稍微攤開。在室溫下靜置至少30分鐘，讓餅殼麵糊的表面結皮。

約72顆馬卡龍
（約需144片餅殼）
準備：5 MIN（提前五天，見「步驟圖解」）+ 1 H 30 MIN
浸泡：3 MIN
烹調：約18至20 MIN
乾燥：30 MIN
冷藏：6 H + 24 H

◯

LE BISCUIT MACARON FRAMBOISE
覆盆子馬卡龍餅殼

300克 糖粉
300克 杏仁粉
10克 液狀覆盆子紅（rouge framboise）食用色素
110克 + 110克 蛋白液（見「步驟圖解」）
75克 礦泉水
300克 細砂糖

◯◯

LA CRÈME À LA FRAMBOISE
覆盆子內餡

375克 可可脂含量35%的白巧克力（Valrhona Ivoire）
500克 新鮮覆盆子（用來製作335克的覆盆子泥）
15克 黃檸檬汁（jus de citron）

◯◯◯

GARNITURE 夾餡

40克 新鮮覆盆子

將旋風式烤箱預熱至180℃（熱度6）。將烤盤放入烤箱。烘烤12分鐘，期間將烤箱門快速打開二次，讓濕氣散出。出爐後，將一片片的馬卡龍餅殼擺在工作檯上。

製作覆盆子內餡。用鋸齒刀將巧克力切碎，以隔水加熱或微波的方式，將巧克力加熱至45℃/50℃，讓巧克力融化。

將覆盆子放入多功能研磨機（moulin à légumes）中磨成泥。將覆盆子泥和檸檬汁一起煮沸，再分三次倒入融化的巧克力中，並從中央開始，慢慢朝外以繞圈的方式小心地攪拌。

倒入焗烤盤中，將保鮮膜緊貼在甘那許的表面。冷藏保存6小時，直到甘那許變爲乳霜狀。將乳霜狀的甘那許放入裝有11號平口擠花嘴的擠花袋中。

將一半的餅殼翻面，平坦朝上放在一張烤盤紙上。將覆盆子內餡擠在餅殼上。在中央放上半顆覆盆子，並擠上一點覆盆子內餡。蓋上另一半的餅殼並輕輕按壓。

將馬卡龍冷藏保存24小時。在品嚐前2小時取出。因夾餡使用的是新鮮覆盆子，這些馬卡龍無法保存超過48小時。

MES NOUVEAUX CLASSIQUES

我的新經典

Macaron Infiniment rose

玫瑰無限馬卡龍

玫瑰馬卡龍是我最早創作出的作品之一。
1986年，
我到保加利亞(Bulgarie)旅行時，
發現當地許多鹹甜特產都會使用玫瑰。
於是創造出這款玫瑰無限馬卡龍。
11年後，
帶有荔枝、玫瑰和覆盆子風味的
Ispahan伊斯帕罕馬卡龍誕生。

前一天，製作玫瑰馬卡龍餅殼。將糖粉和杏仁粉過篩。在110克的蛋白中混入食用色素，再倒入糖粉和杏仁粉的備料中，不要攪拌。

將礦泉水和砂糖煮沸至電子溫度計達118℃。當糖漿到達115℃時，開始將另外110克的蛋白以電動攪拌器打成蛋白霜。

將煮至118℃的糖漿淋在蛋白霜上。攪打冷卻至50℃，然後將義式蛋白霜混入糖粉、杏仁粉和蛋白的備料中，一邊拌勻，一邊爲麵糊排掉多餘空氣。全部倒入裝有11號平口擠花嘴的擠花袋中。

在鋪有烤盤紙的烤盤上，間隔2公分地擠出直徑約3.5公分的圓形麵糊。將烤盤朝鋪有廚房布巾的工作檯輕敲，讓餅狀麵糊稍微攤開。在室溫下靜置至少30分鐘，讓餅殼麵糊的表面結皮。

將旋風式烤箱預熱至180℃(熱度6)。將烤盤放入烤箱。烘烤12分鐘，期間將烤箱門快速打開二次，讓濕氣散出。出爐後，將一片片的馬卡龍餅殼擺在工作檯上。

製作義式蛋白霜。將礦泉水和細砂糖煮沸，並煮至電子溫度計達121℃。一煮沸就用蘸濕的糕點刷擦拭鍋緣。在糖漿達115℃時，開始將蛋白和5克的細砂糖打發至呈現尖端微微下垂的「鳥嘴狀」，也就是說不要過度打發。緩緩地倒入煮至121℃的糖漿，持續以中速攪打至蛋白霜冷卻。

約72顆馬卡龍
（約需144片餅殼）
準備：5 MIN（提前五天，見「步驟圖解」）
烹調：約25 MIN
乾燥：30 MIN
冷藏：2 H + 24 H

○

LE BISCUIT MACARON ROSE
玫瑰馬卡龍餅殼

300克 糖粉
300克 杏仁粉
3克 液狀胭脂紅（rouge carmin）食用色素
110克 + 110克 蛋白液（見「步驟圖解」）
75克 礦泉水
300克 細砂糖

○○

LA MERINGUE ITALIENNE
義式蛋白霜

35克 礦泉水
125克 + 5克 細砂糖
65克 蛋白

○○○

LA CRÈME ANGLAISE 英式奶油醬

90克 全脂鮮乳
70克 蛋黃
40克 細砂糖

○○○○

LA CRÈME AUX PÉTALES DE ROSE
玫瑰花瓣奶油醬

450克 室溫回軟的奶油（Viette）
6克 濃縮玫瑰香露（extrait alcoolique de rose）
30克 玫瑰糖漿（sirop de rose）
175克 義式蛋白霜

製作英式奶油醬。以平底深鍋將牛乳煮沸，在另一個缽盆中攪拌蛋黃和糖，直到混合物泛白。倒入牛乳中，一邊快速攪打。將平底深鍋以文火加熱並不停攪拌，煮至電子溫度計達85℃－由於含有大量的蛋，這道奶油醬會很容易黏鍋。攪拌後倒入裝有網狀攪拌棒的電動攪拌器中，以中速打至奶油醬冷卻。

製作玫瑰花瓣奶油醬。用電動攪拌器攪打奶油5分鐘。加入冷卻的英式奶油醬、濃縮玫瑰香露和玫瑰糖漿。再度用電動攪拌器攪打，接著將上述備料裝在缽盆中，慢慢混入175克的義式蛋白霜。將準備好的內餡倒入裝有11號平口擠花嘴的擠花袋中。

將一半的餅殼翻面，平坦朝上放在一張烤盤紙上。將玫瑰花瓣奶油醬擠在餅殼上。蓋上另一半的餅殼並輕輕按壓。

將馬卡龍冷藏保存24小時。在品嚐前2小時取出。

Macaron Infiniment citron

檸檬無限馬卡龍

我偏愛使用
西西里島（Sicile）的檸檬。
這裡的檸檬比其他地方的
更多汁且芳香。
我想出接近檸檬凝乳（lemon curd）
般絲滑質地的
檸檬奶油醬（lemon crème），
並以檸檬皮和汁來增加香氣。
檸檬由西西里人－
西德克・卡薩諾瓦（Cédric Casanova）
所經營的「La Tête dans les olives
橄欖之首」商店供應。

約72顆馬卡龍
（約需144片餅殼）
準備：5 MIN（提前五天，見「步驟圖解」）+ 30 MIN（前二天）+ 1 H 30 MIN
烹調：約12 MIN（前二天）+ 約12 MIN
乾燥：30 MIN
冷藏：2次24 H

○

LA CRÈME CITRON
檸檬奶油醬

- 25克 黃檸檬皮（zeste de citron jaune）
- 220克 細砂糖
- 200克 全蛋
- 160克 新鮮黃檸檬汁
- 300克 室溫回軟的奶油（Viette）

○○

LE BISCUIT MACARON CITRON
檸檬馬卡龍餅殼

- 300克 糖粉
- 300克 杏仁粉
- 約6克 黃色（jaune）食用色素
- 110克 + 110克 蛋白液（見「步驟圖解」）
- 75克 礦泉水
- 300克 細砂糖

前二天，製作檸檬奶油醬。清洗檸檬並晾乾。在深缽盆上方，用Microplane刨刀將檸檬皮刨下。在深缽盆中倒入砂糖，將糖和檸檬皮拌在一起。加入蛋和檸檬汁。隔水加熱至煮至83℃/84℃，並不時攪拌。將缽盆放入另一個裝了冰塊的盆中，隔冰降溫直到奶油醬的溫度降至60℃。將奶油一塊塊混入，用網狀攪拌器打至均勻，接著再用電動攪拌器攪打10分鐘。將保鮮膜緊貼在奶油醬上。冷藏保存至隔天。

→ 前一天，製作檸檬馬卡龍餅殼。將糖粉和杏仁粉過篩。在110克的蛋白中混入食用色素，再全部倒入糖粉和杏仁粉的備料中，不要攪拌。

將礦泉水和砂糖煮沸至電子溫度計達118℃。當糖漿到達115℃時，開始將另外110克的蛋白以電動攪拌器打成蛋白霜。

將煮至118℃的糖漿淋在蛋白霜上。攪打冷卻至50℃，然後將義式蛋白霜混入糖粉、杏仁粉和蛋白的備料中，一邊拌勻，一邊爲麵糊排掉多餘空氣。全部倒入裝有11號平口擠花嘴的擠花袋中。

在鋪有烤盤紙的烤盤上，間隔2公分地擠出直徑約3.5公分的圓形麵糊。將烤盤朝鋪有廚房布巾的工作檯輕敲，讓餅狀麵糊稍微攤開。在室溫下靜置至少30分鐘，讓餅殼麵糊的表面結皮。

將旋風式烤箱預熱至180℃（熱度6）。將烤盤放入烤箱。烘烤12分鐘，期間將烤箱門快速打開二次，讓濕氣散出。出爐後，將一片片的馬卡龍餅殼擺在工作檯上。

將前一天製作的檸檬奶油醬倒入裝有11號平口擠花嘴的擠花袋中。將一半的餅殼翻面，平坦朝上放在一張烤盤紙上。將檸檬奶油醬擠在餅殼上。蓋上另一半的餅殼並輕輕按壓。

將馬卡龍冷藏保存24小時。在品嚐前2小時取出。

J'utilise le sucre comme on utilise le sel, c'est-à-dire comme un assaisonnement qui permet de relever d'autres nuances de saveurs et qui contribue à l'architecture du goût.

我運用糖就像一般人使用鹽。

換句話說，我用糖調味以帶出其他能夠構成美味的細微滋味。

Macaron Moelleux tiède

溫軟馬卡龍

*這是一種
馬卡龍配方的變化。
以杏仁膏為基底，
而它的味道非常接近杏仁。
這道軟的馬卡龍很類似
聖愛美隆（Saint-Émilion）的
馬卡龍，建議您在出爐時
趁熱品嚐。*

約70顆馬卡龍
準備：5 MIN（提前五天，見「步驟圖解」）+ 45 MIN
靜置：20 MIN
烹調：7 MIN

○

LE BISCUIT MACARON TIÈDE
溫馬卡龍餅殼

750克 60%杏仁膏（pâte d'amande）
300克 蛋白液（見「步驟圖解」）

將杏仁膏和少許蛋白，放入裝有槳狀攪拌棒的電動攪拌器碗中。攪打至杏仁膏變軟。如有必要，可多加一些蛋白讓杏仁膏軟化。將電動攪拌器的槳狀攪拌棒改為網狀攪拌棒。將剩餘的蛋白一點一點地混入杏仁膏中。攪打10分鐘，並不時用刮刀或刮板將杏仁膏集中。

將打好的杏仁糊倒入裝有10號擠花嘴的擠花袋中。在鋪有烤盤紙的烤盤上擠出約6公分的圓形麵糊。第一次篩撒上糖粉。靜置20分鐘。

將旋風式烤箱預熱至200℃（熱度6/7）。第二次為馬卡龍篩撒上糖粉，接著放入熱烤箱中。烘烤7分鐘，期間將烤箱門快速打開一次。

出爐後，將一片片的馬卡龍餅殼擺在工作檯上。趁熱品嚐。

○○

LA FINITION 最後加工

糖粉

Macaron Caramel à la Fleur de sel

鹽之花焦糖馬卡龍

我喜愛焦糖，
因爲它的味道非常濃郁。
將糖煮至逼近燒焦的臨界點，
就爲了展現焦糖極具深度的風味。
在煮成焦糖的最後階段
必須要非常小心留意。

前一天，製作焦糖馬卡龍餅殼。將糖粉和杏仁粉過篩。

在110克的蛋白中混入食用色素和濃縮咖啡液。全部倒入糖粉和杏仁粉的備料中，不要攪拌。

將礦泉水和砂糖煮沸至電子溫度計達118℃。當糖漿到達115℃時，開始將另外110克的蛋白以電動攪拌器打成蛋白霜。

將煮至118℃的糖漿淋在蛋白霜上。攪打冷卻至50℃，然後將義式蛋白霜混入糖粉、杏仁粉和蛋白的備料中，一邊拌勻，一邊爲麵糊排掉多餘空氣。全部倒入裝有11號平口擠花嘴的擠花袋中。

約72顆馬卡龍
(約需144片餅殼)
準備:5 MIN(提前五天,見「步驟圖解」) + 1 H 30 MIN
烹調:約25 MIN
乾燥:30 MIN
冷藏:2 H + 2次24 H

○

LE BISCUIT MACARON CARAMEL
焦糖馬卡龍餅殼

300克 糖粉
300克 杏仁粉
約2克 液狀黃色(jaune)食用色素
15克 濃縮咖啡液(Trablit)
110克 + 110克 蛋白液(見「步驟圖解」)
75克 礦泉水
300克 細砂糖

○○

LE CARAMEL AU BEURRE DEMI-SEL
半鹽奶油焦糖

335克 液狀法式鮮奶油(脂肪含量32至35%)
300克 細砂糖
65克 半鹽奶油(beurre demi-sel)(Viette)

○○○

LA CRÈME CARAMEL À LA FLEUR DE SEL
鹽之花焦糖奶油醬

290克 室溫下放軟的奶油(Viette)

在鋪有烤盤紙的烤盤上,間隔2公分地擠出直徑約3.5公分的圓形麵糊。將烤盤朝鋪有廚房布巾的工作檯輕敲,讓餅狀麵糊稍微攤開。在室溫下靜置至少30分鐘,讓餅殼麵糊的表面結皮。

將旋風式烤箱預熱至180℃(熱度6)。將烤盤放入烤箱。烘烤12分鐘,期間將烤箱門快速打開二次,讓濕氣散出。出爐後,將一片片的馬卡龍餅殼擺在工作檯上。

製作半鹽奶油焦糖。將液狀法式鮮奶油煮沸。將另一個厚底平底深鍋開中火,倒入約50克的細砂糖,將糖煮至融化,接著再加入50克的細砂糖,然後繼續以同樣的步驟處理剩餘的糖。煮至焦糖呈現漂亮的深棕琥珀色。離火,加入65克的半鹽奶油,用耐熱刮勺攪拌,接著分二次倒入煮沸的鮮奶油。將平底深鍋再度開火,煮至電子溫度計達108℃。用手持式電動攪拌棒攪打,接著將焦糖醬倒入盤中。放入冰箱冷卻。

製作焦糖奶油醬。將290克的奶油放入裝有網狀攪拌棒的電動攪拌器碗中,攪打10分鐘。混入冷卻的焦糖醬,將焦糖奶油醬打至均勻,倒入裝有11號平口擠花嘴的擠花袋中。

將一半的餅殼翻面,平坦朝上放在一張烤盤紙上。將鹽之花焦糖奶油醬擠在餅殼上。蓋上另一半的餅殼並輕輕按壓。

將馬卡龍冷藏保存24小時。在品嚐前2小時取出。

Macaron Infiniment praliné Noisette du Piémont

皮耶蒙榛果帕林內無限馬卡龍

我對皮耶蒙榛果極為濃郁的香氣和甘甜味懷有滿溢的熱情，促使我展現這些榛果更美好的風味，為這款馬卡龍賦予榛果帕林內的無限風情。

前二天，製作手工榛果帕林內、榛果酥片帕林內糖和帕林內奶油醬。將烤箱預熱至170℃（熱度6）。

將270克的榛果鋪在焗烤盤中，烘烤15分鐘。立刻將熱榛果倒入粗孔網篩（或濾器）中，滾動榛果以去皮。倒入塑膠袋內，用擀麵棍壓成中等大小的粒狀。先取出20克，剩餘的250克再放回已熄火但仍溫熱的烤箱裡。

製作手工榛果帕林內。將礦泉水、糖和剖開並去籽的半根香草莢一起煮沸。當糖漿到達121℃時，加入微溫的250克榛果粒。攪拌至糖呈現沙狀的外觀，接著煮至焦糖狀並不時地攪拌。

將焦糖榛果倒入烤盤，除去香草莢，放涼。用食物料理機以跳打（pulse）模式攪打，但不要打得過碎，必須讓帕林內仍保有顆粒的口感。

製作榛果酥片帕林內糖。將加沃特薄酥餅弄碎。用鋸齒刀將巧克力切碎，以隔水加熱或微波的方式，將巧克力加熱至45℃/50℃，讓巧克力融化。將榛果帕林內、榛果醬和分成塊狀的奶油混入融化的巧克力中。攪拌均勻，接著加入之前保留的20克榛果粒和弄碎的加沃特薄酥餅。

→

約72顆馬卡龍
（約需144片餅殼）
準備：5MIN（提前五天，請參考「步驟圖解」）+ 45 MIN（前二天）+ 1 H 30 MIN
烹調：約20MIN（前二天）+ 約14MIN
冷凍：2 H + 24 H
乾燥：30MIN
冷藏：1H（前二天）+ 2 H + 24 H

○

LES NOISETTES TORRÉFIÉES ET CONCASSÉES
烘焙並敲碎的榛果

250克 + **20克**，帶皮的整顆榛果
總共**270克**

○○

LE PRALINÉ NOISETTE MAISON 手工榛果帕林內

40克 礦泉水
150克 細砂糖
1/2根 香草莢
250克 烘焙並敲碎的皮耶蒙榛果

○○○

LES CARRÉS DE PRALINÉ FEUILLETÉ NOISETTE
榛果酥片帕林內糖

85克 加沃特薄酥餅（biscuit Gavotte）
45克 可可脂含量40%的吉瓦納覆蓋巧克力（couverture Jivara）或可可脂含量40%的牛奶巧克力（Valrhona）
65克 含量60%的榛果帕林內（praliné noisette）（Valrhona）
100克 皮耶蒙榛果醬（pâte de noisette du Piémont）（Valrhona）
20克 奶油（Viette）
20克 烘焙並敲碎的皮耶蒙榛果

○○○○

LA CRÈME PRALINÉE
帕林內奶油醬

50克 可可脂（beurre de cacao）（Valrhona）
200克 榛果帕林內（Valrhona）
200克 手工榛果帕林內
150克 奶油（Viette）

○○○○○

LE BISCUIT MACARON PRALINÉ
帕林內馬卡龍餅殼

300克 糖粉
150克 杏仁粉
150克 皮耶蒙榛果粉（poudre de noisette du Piémont）
110克 + **110克** 蛋白液（請參考「步驟圖解」）
75克 礦泉水
300克 細砂糖

○○○○○○

LA FINITION 最後加工

50克 生榛果粒（noisette brutte effilé）

→ 將榛果酥片帕林內糖倒入鋪有保鮮膜的焗烤盤中至4公釐的高度。以冷藏的方式冷卻1小時，接著再冷凍2小時。將帕林內連保鮮膜一起取出，並將榛果酥片帕林內糖切成1.5公分的方塊。再繼續冷凍。

製作帕林內奶油醬。將可可脂隔水加熱至融化。在裝有槳狀攪拌棒的電動攪拌器中攪打榛果帕林內、手工榛果帕林內和融化的可可脂。倒入盤中，冷藏保存至隔天。

前一天，將帕林內奶油醬完成。用電動攪拌器攪打奶油5分鐘，接著一點一點地混入手工榛果帕林內和可可脂的混合物中。

製作帕林內馬卡龍餅殼。將糖粉、杏仁粉和榛果粉一起過篩，接著倒入110克的蛋白，不要攪拌。

將礦泉水和砂糖煮沸至電子溫度計達118℃。當糖漿到達115℃時，開始將另外110克的蛋白以電動攪拌器打成蛋白霜。

將煮至118℃的糖漿淋在蛋白霜上。攪打冷卻至50℃，然後將義式蛋白霜混入糖粉、杏仁粉、榛果粉和蛋白的備料中，一邊拌勻，一邊爲麵糊排掉多餘空氣。全部倒入裝有11號平口擠花嘴的擠花袋中。

在鋪有烤盤紙的烤盤上，間隔2公分地擠出直徑約3.5公分的圓形麵糊。均勻撒上生的榛果粒。將烤盤朝鋪有廚房布巾的工作檯輕敲，讓餅狀麵糊稍微攤開。在室溫下靜置至少30分鐘，讓餅殼麵糊的表面結皮。

將旋風式烤箱預熱至180℃（熱度6）。將烤盤放入烤箱。烘烤12分鐘，期間將烤箱門快速打開二次，讓濕氣散出。出爐後，將一片片的馬卡龍餅殼擺在工作檯上。

將帕林內奶油醬倒入裝有11號平口擠花嘴的擠花袋中。將一半的餅殼翻面放在一張烤盤紙上。將帕林內奶油醬擠在這一半的餅殼上。在中央輕輕插入一塊冷凍的榛果酥片帕林內糖。蓋上另一半的餅殼並輕輕按壓。

將馬卡龍冷藏保存24小時。在品嚐前2小時取出。

Macaron Infiniment pistache

開心果無限馬卡龍

開心果的味道相當突出。
爲了加強它的香氣並強調它的風味，
我在甘那許中
加入幾滴天然的苦杏仁精。

前一天，製作開心果馬卡龍餅殼。將糖粉和杏仁粉過篩。在110克的蛋白中混入食用色素。全部倒入糖粉和杏仁粉的備料中，不要攪拌。

將礦泉水和砂糖煮沸至電子溫度計達118℃。當糖漿到達115℃時，開始將另外110克的蛋白以電動攪拌器打成蛋白霜。

將煮至118℃的糖漿淋在蛋白霜上。攪打冷卻至50℃，然後將義式蛋白霜混入糖粉、杏仁粉和蛋白的備料中，一邊拌勻，一邊爲麵糊排掉多餘空氣。全部倒入裝有11號平口擠花嘴的擠花袋中。

在鋪有烤盤紙的烤盤上，間隔2公分地擠出直徑約3.5公分的圓形麵糊。將烤盤朝鋪有廚房布巾的工作檯輕敲，讓餅狀麵糊稍微攤開。在室溫下靜置至少30分鐘，讓餅殼麵糊的表面結皮。

將旋風式烤箱預熱至180℃（熱度6）。將烤盤放入烤箱。烘烤12分鐘，期間將烤箱門快速打開二次，讓濕氣散出。出爐後，將一片片的馬卡龍餅殼擺在工作檯上。

製作開心果甘那許。用鋸齒刀將巧克力切碎，以隔水加熱或微波的方式，將巧克力加熱至45℃/50℃，讓巧克力融化。將液狀法式鮮奶油、開心果醬和天然苦杏仁精一起煮沸。分三次倒入融化的巧克力中，並從中央開始，慢慢朝外以繞圈的方式小心地攪拌。以手持式電動攪拌棒攪打至甘那許變得均勻。

約72顆馬卡龍
(約需144片餅殼)
準備：5 MIN(提前五天，見「步驟圖解」) + 1 H 30 MIN
烹調：約25 MIN
乾燥：30 MIN
冷藏：6 H + 24 H

○

LE BISCUIT MACARON PISTACHE
開心果馬卡龍餅殼

300克 糖粉
300克 杏仁粉
約0.7克 液狀開心果綠(vert pistache)食用色素
約1克 液狀黃色(jaune)食用色素
110克 + 110克 蛋白液(見「步驟圖解」)
75克 礦泉水
300克 細砂糖

○○

LA GANACHE PISTACHE
開心果甘那許

300克 可可脂含量35%的白巧克力(Valrhona Ivoire)
300克 液狀法式鮮奶油(脂肪含量32至35%)
45克 純開心果醬(pâte de pistache pure)和**數滴**天然苦杏仁精(extrait naturel d'amande amère)或**25克**純開心果醬 + **20克**調味開心果醬(pâte de pistache aromatisée)

將開心果甘那許倒入焗烤盤中，將保鮮膜緊貼在甘那許的表面。冷藏保存6小時，直到甘那許變爲乳霜狀。

將乳霜狀的甘那許放入裝有11號平口擠花嘴的擠花袋中。將一半的餅殼翻面，平坦朝上放在一張烤盤紙上。將開心果甘那許擠在餅殼上。蓋上另一半的餅殼並輕輕按壓。

將馬卡龍冷藏保存24小時。在品嚐前2小時取出。

Macaron Moelleux tiède à la pistache

開心果溫軟馬卡龍

我建議各位在微溫時
品嚐這些馬卡龍。
它們的質地在冷卻後
會變得鬆軟，
微溫時則更凸顯
烘焙開心果的美妙風味。

將杏仁膏、純開心果醬，以及少許蛋白放入裝有槳狀攪拌棒的電動攪拌器中，攪打至杏仁膏變軟。如有必要，可多加一些蛋白來幫助軟化。將電動攪拌器的槳狀攪拌棒改爲網狀攪拌棒。將剩餘的蛋白一點一點地混入杏仁開心果糊中。攪打10分鐘，並時不時用刮刀或刮板將杏仁開心果糊集中。

用刀將去皮的開心果切碎。將杏仁開心果糊倒入裝有10號平口擠花嘴的擠花袋中。在鋪有烤盤紙的烤盤上擠出約6公分的圓形麵糊。撒上切碎的開心果。第一次篩撒上糖粉。靜置20分鐘。

將旋風式烤箱預熱至200℃（熱度6/7）。在馬卡龍上第二次篩撒上糖粉，接著放入熱烤箱中。烤7分鐘，期間將烤箱門快速打開一次。

出爐後，將一片片的馬卡龍餅殼擺在工作檯上。立即品嚐。

約70片餅殼
準備：5 MIN（提前五天，見「步驟圖解」）＋45 MIN
靜置時間：20 MIN
烹調：7 MIN

○

LE BISCUIT MACARON TIÈDE
溫馬卡龍餅殼

750克 杏仁含量52%的杏仁膏（pâte d'amande）
300克 蛋白液（見「步驟圖解」）
80克 純開心果醬（pâte de pistache pure）（Fugar）

○○

LA FINITION 最後加工

70克 西西里島或伊朗的去皮開心果
糖粉

MES ASSOCIATIONS DE SAVEURS « FÉTISH »

「令人上癮」的味道搭配

Macaron Chloé

蔻依馬卡龍

Chloé蔻依是一位熱愛巧克力，
但卻厭惡巧克力搭配覆盆子的朋友。
這就是我想接受挑戰的原因，
將這款馬卡龍獻給她。
我努力的在覆盆子果肉的酸，
以及黑巧克力的苦甜及酸味之間
取得了和諧。

前一天，將烤箱預熱至90℃(熱度3)。在鋪有烤盤紙的烤盤上撒上新鮮覆盆子，然後放入烤箱。將覆盆子烘乾2小時，每隔30分鐘翻動一次。放涼後以密封罐保存至馬卡龍填餡的時刻。

製作巧克力馬卡龍餅殼。用鋸齒刀將可可塊切碎，以隔水加熱或微波的方式，將可可塊加熱至45℃/50℃，讓可可塊融化。將糖粉和杏仁粉一起過篩。在55克的蛋白中混入食用色素，倒入糖粉和杏仁粉的備料中，不要攪拌。

將礦泉水和砂糖煮沸至電子溫度計達118℃。當糖漿到達115℃時，開始將另外55克的蛋白以電動攪拌器打成蛋白霜。

將煮至118℃的糖漿淋在蛋白霜上。攪打冷卻至50℃。將義式蛋白霜拌入融化的可可塊中，再拌入糖粉、杏仁粉和蛋白的備料中，一邊拌勻，一邊爲麵糊排掉多餘空氣。全部倒入裝有11號平口擠花嘴的擠花袋中。

在鋪有烤盤紙的烤盤上，間隔2公分地擠出直徑約3.5公分的圓形麵糊。將烤盤朝鋪有廚房布巾的工作檯輕敲，讓餅狀麵糊稍微攤開。爲餅殼篩撒上可可粉。在室溫下靜置至少30分鐘，讓餅殼麵糊的表面結皮。

約72顆馬卡龍
(約需144片餅殼)
準備：5 MIN(提前五天，見「步驟圖解」) + 1 H 30 MIN
烹調：約2 H + 20 MIN
乾燥：2次30 MIN
冷藏：2 H + 24 H

○

LA GARNITURE 內餡

200克 新鮮覆盆子，或約**40克** 覆盆子乾

○○

LE BISCUIT MACARON CHOCOLAT
巧克力馬卡龍餅殼

60克 可可脂含量100%的可可塊(cacao pâte)(Valrhona)
150克 糖粉
150克 杏仁粉
約0.25克 液狀胭脂紅(rouge carmin)食用色素
55克 + 55克 蛋白液(見「步驟圖解」)
43克 礦泉水
150克 細砂糖

○○○

LE BISCUIT MACARON FRAMBOISE
覆盆子馬卡龍餅殼

150克 糖粉
150克 杏仁粉
約5克 液狀覆盆子紅(rouge framboise)食用色素
55克 + 55克 蛋白液(見「步驟圖解」)
38克 礦泉水
150克 細砂糖

○○○○

LA GANACHE AU CHOCOLAT ET À LA FRAMBOISE
巧克力覆盆子甘那許

365克 可可脂含量64%的孟加里(Manjari)巧克力(Valrhona)
550克 新鮮覆盆子，或**360克** 覆盆子泥
315克 室溫回軟的奶油(Viette)

○○○○○

LA FINITION 最後加工

100克 可可粉(Valrhona)

製作覆盆子馬卡龍餅殼。將糖粉和杏仁粉一起過篩。在55克的蛋白中混入食用色素。倒入糖粉和杏仁粉的備料中，不要攪拌。

將礦泉水和砂糖煮沸至電子溫度計達118℃。當糖漿到達115℃時，開始將另外55克的蛋白以電動攪拌器打成蛋白霜。

將煮至118℃的糖漿淋在蛋白霜上。攪打冷卻至50℃，然後將義式蛋白霜混入糖粉、杏仁粉和蛋白的備料中，一邊拌勻，一邊爲麵糊排掉多餘空氣。全部倒入裝有11號平口擠花嘴的擠花袋中。

在鋪有烤盤紙的烤盤上，間隔2公分地擠出直徑約3.5公分的圓形麵糊。將烤盤朝鋪有廚房布巾的工作檯輕敲，讓餅狀麵糊稍微攤開。在室溫下靜置至少30分鐘，讓餅殼麵糊的表面結皮。

將旋風式烤箱預熱至180℃(熱度6)。將擺有巧克力和覆盆子馬卡龍餅殼的烤盤放入烤箱。烘烤12分鐘，期間將烤箱門快速打開二次，讓濕氣散出。出爐後，將一片片的馬卡龍餅殼擺在工作檯上。

製作巧克力覆盆子甘那許。用鋸齒刀將巧克力切碎。以隔水加熱或微波的方式，將巧克力加熱至45℃/50℃，讓巧克力融化。將巧克力放入深缽盆中。用多功能研磨機將覆盆子磨成泥，並將磨好的覆盆子泥煮沸，離火，接著分三次倒入巧克力中，並從中央開始，慢慢朝外以繞圈的方式小心地攪拌。待甘那許降溫到60℃後，一點一點地混入奶油塊。以手持式電動攪拌棒將巧克力覆盆子甘那許打至均勻。

將巧克力覆盆子甘那許倒入焗烤盤中，將保鮮膜緊貼在甘那許的表面。冷藏保存2小時，直到甘那許變爲乳霜狀。之後，將乳霜狀的甘那許放入裝有11號平口擠花嘴的擠花袋中。

將巧克力馬卡龍餅殼翻面放在烤盤紙上。將巧克力覆盆子甘那許擠在餅殼上，接著在中央輕輕插入一塊覆盆子乾。再擠上一點巧克力覆盆子甘那許。蓋上覆盆子馬卡龍餅殼並輕輕按壓。

將馬卡龍冷藏保存24小時。在品嚐前2小時取出。

約72顆馬卡龍
(約需144片餅殼)
準備:5 MIN(提前五天,見「步驟圖解」)+ 5 MIN(前二天)+ 1H 30 MIN
烹調:3-4 MIN(前二天)+ 約20 MIN
浸泡:24 H(前二天)+ 4 H
乾燥:2次30 MIN
冷藏:12 H + 2 H + 6 H + 24 H

○

LA CRÈME AU CAFÉ VERT IAPAR ROUGE DU BRÉSIL
巴西IAPAR ROUGE綠咖啡鮮奶油

300克 液狀法式鮮奶油(脂肪含量32至35%)
15克 巴西IAPAR ROUGE綠咖啡豆(café vert)(L'Arbre à café)

○○

LE BISCUIT MACARON CAFÉ
咖啡馬卡龍餅殼

150克 糖粉
150克 杏仁粉
15克 濃縮咖啡液(Trablit)
55克 + 55克 蛋白液(見「步驟圖解」)
43克 礦泉水
150克 細砂糖

○○○

LE BISCUIT MACARON CAFÉ VERT
綠咖啡馬卡龍餅殼

150克 糖粉
150克 杏仁粉
約0.5克 液狀開心果綠(vert pistache)食用色素
約0.5克 液狀巧克力棕(brun chocolat)食用色素
約0.5克 液狀黃色(jaune)食用色素
55克 + 55克 蛋白液(見「步驟圖解」)
38克 礦泉水
150克 細砂糖

○○○○

LA GANACHE AU CAFÉ BOURBON POINTU DE LA RÉUNION
留尼旺尖身波旁咖啡甘那許

16克 留尼旺尖身波旁咖啡豆(Bourbon pointu de la Réuion)
260克 液狀法式鮮奶油(脂肪含量32至35%)
225克 可可脂含量35%的白巧克力(Valrhona Ivoire)

○○○○○

LA GANACHE AU CAFÉ VERT IAPAR ROUGE DU BRÉSIL
巴西IAPAR ROUGE綠咖啡甘那許

225克 綠咖啡鮮奶油(crème au café vert)
225克 可可脂含量35%的白巧克力(Valrhona Ivoire)

Macaron Infiniment café au Café vert et au Café Bourbon pointu de la Réunion

咖啡無限馬卡龍　綠咖啡與留尼旺尖身波旁咖啡

我組合了二種咖啡,純粹是為了更加提升它們的層次。綠咖啡(café vert)是一種未經烘焙的咖啡,帶有清新植物的風味,奇特的是它與巴黎咖啡樹咖啡館(L'Arbre à café),有著紅色莓果、麝香、花香、大黃、鳳梨、玫瑰和辛香等的留尼旺尖身波旁咖啡,產生渾然天成的風味。

前二天,製作綠咖啡鮮奶油。將液狀法式鮮奶油和綠咖啡豆一起煮沸。將火轉小,微滾5分鐘。在室溫下放涼。加蓋,冷藏浸泡至隔天。

前一天,製作咖啡馬卡龍餅殼。將糖粉和杏仁粉一起過篩。在55克的蛋白中混入濃縮咖啡液,倒入糖粉和杏仁粉的備料中,不要攪拌。

將礦泉水和砂糖煮沸至電子溫度計達118℃。當糖漿到達115℃時,開始將另外55克的蛋白以電動攪拌器打成蛋白霜。

將煮至118℃的糖漿淋在蛋白霜上。攪打冷卻至50℃,然後將義式蛋白霜混入糖粉、杏仁粉和蛋白的備料中,一邊拌勻,一邊為麵糊排掉多餘空氣。全部倒入裝有11號平口擠花嘴的擠花袋中。

在鋪有烤盤紙的烤盤上,間隔2公分地擠出直徑約3.5公分的圓形麵糊。將烤盤朝鋪有廚房布巾的工作檯輕敲,讓餅狀麵糊稍微攤開。在室溫下靜置至少30分鐘,讓餅殼麵糊的表面結皮。

→ 製作綠咖啡馬卡龍餅殼。將糖粉和杏仁粉一起過篩。在55克的蛋白中混入食用色素。全部倒入糖粉和杏仁粉的備料中，不要攪拌。

將礦泉水和砂糖煮沸至電子溫度計達118°C。當糖漿到達115°C時，開始將另外110克的蛋白以電動攪拌器打成蛋白霜。

將煮至118°C的糖漿淋在蛋白霜上。攪打冷卻至50°C，然後將義式蛋白霜混入糖粉、杏仁粉和蛋白的備料中，一邊拌匀，一邊爲麵糊排掉多餘空氣。全部倒入裝有11號平口擠花嘴的擠花袋中。

在鋪有烤盤紙的烤盤上，間隔2公分地擠出直徑約3.5公分的圓形麵糊。將烤盤朝鋪有廚房布巾的工作檯輕敲，讓餅狀麵糊稍微攤開。在室溫下靜置至少30分鐘，讓餅殼麵糊的表面結皮。

將旋風式烤箱預熱至180°C（熱度6）。將擺有咖啡馬卡龍餅殼和綠咖啡馬卡龍餅殼的烤盤放入烤箱。烘烤12分鐘，期間將烤箱門快速打開二次，讓濕氣散出。出爐後，將一片片的馬卡龍餅殼擺在工作檯上。

製作綠咖啡甘那許。將前一天製作的綠咖啡鮮奶油過濾，並以約60°C的溫度加熱。用鋸齒刀將巧克力切碎，以隔水加熱或微波的方式，將巧克力加熱至45°C/50°C，讓巧克力融化。將加熱的綠咖啡鮮奶油分三次倒入融化的巧克力中，並從中央開始，慢慢朝外以繞圈的方式小心地攪拌。以手持式電動攪拌棒攪打至甘那許變得均匀。

將綠咖啡甘那許倒入焗烤盤中，將保鮮膜緊貼在甘那許的表面。冷藏保存2小時，直到甘那許變爲乳霜狀。

製作留尼旺尖身波旁咖啡甘那許。將留尼旺尖身波旁咖啡豆包入乾淨的布巾中，以平底鍋將豆粒稍微敲成粗粒，將液狀法式鮮奶油煮沸，倒入咖啡豆粗粒攪拌，靜置浸泡4小時。

過濾留尼旺尖身波旁咖啡鮮奶油。用鋸齒刀將巧克力切碎，以隔水加熱或微波的方式，將巧克力加熱至45°C/50°C，讓巧克力融化。將煮沸的咖啡鮮奶油分三次倒入融化的巧克力中，並從中央開始，慢慢朝外以繞圈的方式小心地攪拌。以手持式電動攪拌棒攪打至甘那許變得均匀。

將留尼旺尖身波旁甘那許倒入焗烤盤中，將保鮮膜緊貼在甘那許的表面。冷藏保存6小時，直到甘那許變爲乳霜狀。

將乳霜狀的甘那許放入裝有11號平口擠花嘴的擠花袋中。同樣也將綠咖啡甘那許裝入另一個擠花袋中。

將咖啡馬卡龍的餅殼翻面，平坦面朝上放在烤盤紙上。將留尼旺尖身波旁咖啡甘那許擠在餅殼上，在中央擠上一球的綠咖啡甘那許。蓋上綠咖啡馬卡龍的餅殼並輕輕按壓。

將馬卡龍冷藏保存24小時。在品嚐前2小時取出。

Macaron Infiniment mandarine

柑橘無限馬卡龍

約72顆馬卡龍
（約需144片餅殼）
準備：5 MIN（提前五天，見「步驟圖解」）+ 30 MIN（前二天）+ 1 H 30 MIN
烹調：約2 H（前二天）+ 約15 MIN
乾燥：30 MIN
冷藏：2 H + 2次24 H

○

LES MANDARINES SEMI-CONFITES MAISON
手工半糖漬柑橘

10顆 西西里柑橘（mandarine de Sicile）（La tête dans les olives）
1公斤 礦泉水
500克 細砂糖

○○

LA CRÈME MANDARINE
柑橘奶油醬

約2顆 柑橘（用來取得**8克**的新鮮果皮）（La Tête dans les olives）
約2顆 黃檸檬（citron jaune）（用來取得**2克** 的新鮮果皮）
160克 細砂糖
160克 全蛋
50克 新鮮檸檬汁
500克 柑橘（用來取得**80克**的柑橘汁）（La tête dans les olives）
260克 奶油（Viette）

○○○

LE BISCUIT MACARON MANDARINE
柑橘馬卡龍餅殼

300克 糖粉
300克 杏仁粉
約7克 液狀黃色（jaune）食用色素
約1克 液狀紅色（rouge）食用色素
110克 + 110克 蛋白液（見「步驟圖解」）
75克 礦泉水
300克 細砂糖

○○○○

LA FINITION DE LA CRÈME MANDARINE
柑橘奶油醬的最後加工

140克 可可脂（beurre de cacao）（Valrhona）
612克 柑橘奶油醬
75克 杏仁粉

這款馬卡龍想展現的重點
就是西西里柑橘的香氣。
這種水果具有一種
無與倫比的風味。
它們的果皮和果肉異常多汁，
和諧地混雜著甜味、苦澀味
和淡淡的酸味。

前二天，製作半糖漬柑橘。將柑橘的兩端切掉，縱切成兩半，連續三次浸入沸水（材料表外）中20秒。再將柑橘煮沸2分鐘，用冷水沖洗。再以同樣方式進行二次煮沸、冷水沖洗的步驟。瀝乾。將礦泉水和糖煮沸，將柑橘浸入糖水中。加蓋，微滾2小時，再浸漬至隔天。

*Le savoir-faire
est un patrimoine légué
par nos devanciers,
que l'on se doit d'entretenir,
de faire évoluer
et de transmettre.*

專業的技術與知識是前人留下來的傳統與遺產，
我們應該留存、發揮，而且更要傳遞下去。

→ 同樣提前二天，製作柑橘奶油醬。清洗新鮮的柑橘和黃檸檬並晾乾。用Microplane刨刀將柑橘和黃檸檬的果皮刨在深缽盆中。倒入細砂糖，將糖與果皮相互磨擦。加入蛋、檸檬汁和柑橘汁。以隔水加熱的方式煮至83℃/84℃，並不時攪拌所有材料。將深缽盆放入另一個裝有冰塊的盆中，直到奶油醬的溫度下降至60℃。一邊混入塊狀奶油，一邊以裝好網狀攪拌棒的電動攪拌器，將奶油醬攪打10分鐘打至平滑。將保鮮膜緊貼在奶油醬上，冷藏保存至隔天。

前一天，製作柑橘馬卡龍餅殼。將糖粉和杏仁粉過篩。在110克的蛋白中混入食用色素。倒入糖粉和杏仁粉的備料中，不要攪拌。

將礦泉水和砂糖煮沸至電子溫度計達118℃。當糖漿到達115℃時，開始將另外110克的蛋白以電動攪拌器打成蛋白霜。

將煮至118℃的糖漿淋在蛋白霜上。攪打冷卻至50℃，然後將義式蛋白霜混入糖粉、杏仁粉和蛋白的備料中，一邊拌勻，一邊爲麵糊排掉多餘空氣。全部倒入裝有11號平口擠花嘴的擠花袋中。

在鋪有烤盤紙的烤盤上，間隔2公分地擠出直徑約3.5公分的圓形麵糊。將烤盤朝鋪有廚房布巾的工作檯輕敲，讓餅狀麵糊稍微攤開。在室溫下靜置至少30分鐘，讓餅殼麵糊的表面結皮。

將旋風式烤箱預熱至180℃(熱度6)。將烤盤放入烤箱。烘烤12分鐘，期間將烤箱門快速打開二次，讓濕氣散出。出爐後，將一片片的馬卡龍餅殼擺在工作檯上。

將浸漬好的的柑橘瀝乾1小時，接著切成5公釐的小丁。冷藏保存。

完成柑橘奶油醬。將可可脂隔水加熱至融化。將柑橘奶油醬攪拌至滑順。緩緩地混入融化的可可脂，接著再混入杏仁粉。倒入裝有11號平口擠花嘴的擠花袋中。

將一半的餅殼翻面，平坦朝上放在一張烤盤紙上。將柑橘奶油醬擠在餅殼上。在中央擺上3塊半糖漬柑橘小丁。再擠上一點柑橘奶油醬。蓋上另一半的餅殼並輕輕按壓。

將馬卡龍冷藏保存24小時。在品嚐前2小時取出。

Macaron Mahogany

桃花心木馬卡龍

桃花心木是一種珍貴木材的名稱，
我喜歡它的發音。
最初，我構思了一種以芒果、焦糖、
椰子和荔枝製作的糕點，
填入用薑和胡椒調味的新鮮芒果。
這款馬卡龍瞬間就會消失在嘴裡。

前一天，製作焦糖椰子馬卡龍餅殼。將糖粉和杏仁粉過篩。在90克的蛋白中混入食用色素和咖啡濃縮液，接著和150克的椰子粉及花生油一起倒入糖粉和杏仁粉的備料中，不要攪拌。

將礦泉水和砂糖煮沸至電子溫度計達118℃。當糖漿到達115℃時，開始將另外180克的蛋白以電動攪拌器打成蛋白霜。

將煮至118℃的糖漿淋在蛋白霜上。攪打冷卻至50℃，然後將這義式蛋白霜混入糖粉、杏仁粉、蛋白和椰子粉的備料中，一邊拌勻，一邊爲麵糊排掉多餘空氣。全部倒入裝有11號平口擠花嘴的擠花袋中。

在鋪有烤盤紙的烤盤上，間隔2公分地擠出直徑約3.5公分的圓形麵糊。將烤盤朝鋪有廚房布巾的工作檯輕敲，讓餅狀麵糊稍微攤開。用指尖爲餅殼撒上最後加工用的椰子粉。在室溫下靜置至少30分鐘，讓餅殼麵糊的表面結皮。

將旋風式烤箱預熱至180℃（熱度6）。將烤盤放入烤箱。烘烤12分鐘，期間將烤箱門快速打開二次，讓濕氣散出。出爐後，將一片片的馬卡龍餅殼擺在工作檯上。

製作芒果丁。將芒果剝皮，並切成約1.5公分的小丁。用檸檬汁、新鮮薑絲和胡椒調味。攪拌後冷藏保存。

約72顆馬卡龍
（約需144片餅殼）
準備：5 MIN（提前五天，見「步驟圖解」）+ 1 H 40 MIN
烹調：約35 MIN
乾燥：30 MIN
冷藏：2 H + 24 H

○

LE BISCUIT MACARON NOIX DE COCO CARAMEL
焦糖椰子馬卡龍餅殼

300克 糖粉
300克 杏仁粉
2克 液狀黃色（jaune）食用色素
12克 濃縮咖啡液（Trablit）
90克 + 180克 蛋白液（見「步驟圖解」）
150克 椰子粉 + **70克** 最後加工用
75克 花生油
75克 礦泉水
375克 細砂糖

○○

LES CUBES DE MANGUE FRAÎCHE ASSAIONNÉS
調味新鮮芒果丁

2顆 充分成熟的新鮮芒果
50克 檸檬汁
5克 新鮮薑絲
3圈 研磨罐裝砂勞越胡椒（poivre Sarawak）

○○○

LE CARAMEL AU BEURRE DEMI-SEL
半鹽奶油焦糖

335克 液狀法式鮮奶油（脂肪含量32至35%）
300克 細砂糖
65克 半鹽奶油（beurre demi-sel）（Viette）

○○○○

LA CRÈME CARAMEL À LA FLEUR DE SEL
鹽之花焦糖奶油醬

290克 室溫回軟的奶油（Viette）

製作半鹽奶油焦糖。將液狀法式鮮奶油煮沸。將厚底平底深鍋開中火，倒入約50克的砂糖，將糖煮至融化，接著再加入50克的砂糖，然後繼續以同樣的步驟處理剩餘的糖。煮至焦糖呈現漂亮的深棕琥珀色。離火，加入65克的半鹽奶油，用耐熱刮勺攪拌，接著分二次倒入煮沸的鮮奶油。將平底深鍋再度開火，煮至電子溫度計達108℃。用手持式電動攪拌棒攪打，接著將焦糖醬倒入焗烤盤中。放入冰箱中冷卻。

爲了製作鹽之花焦糖奶油醬，將290克的奶油放入裝有網狀攪拌棒的電動攪拌器碗中。攪打10分鐘，混入冷卻的焦糖醬攪打至均勻。將鹽之花焦糖奶油醬倒入裝有11號平口擠花嘴的擠花袋中。

將一半的餅殼翻面，平坦朝上放在一張烤盤紙上。將鹽之花焦糖奶油醬擠在餅殼上。在中央擺上三塊調味的芒果丁，再擠上一點奶油醬。蓋上另一半的餅殼並輕輕按壓。

將馬卡龍冷藏保存24小時。在品嚐前2小時取出。

MON STYLE, C’EST LE GOÛT !

美味就是我的風格！

Macaron au Chocolat et Whisky pur malt

巧克力純麥威士忌馬卡龍

我在巴黎的Baratin餐廳，
品嚐過日本秩父（Chichibu The First）
純麥威士忌。
這是一種帶有泥煤和煙燻味的威士忌，
而且酒精含量很高。
爲了只保留香味，
在混入巧克力甘那許之前
必須先讓所有的酒精蒸發。

前一天，製作焦糖金色馬卡龍餅殼。將糖粉和杏仁粉過篩。在110克的蛋白中混入食用色素。全部倒入糖粉和杏仁粉的備料中，不要攪拌。

將礦泉水和砂糖煮沸至電子溫度計達118℃。當糖漿到達115℃時，開始將另外110克的蛋白以電動攪拌器打成蛋白霜。

將煮至118℃的糖漿淋在蛋白霜上。攪打冷卻至50℃，然後將義式蛋白霜混入糖粉、杏仁粉和蛋白的備料中，一邊拌勻，一邊爲麵糊排掉多餘空氣。全部倒入裝有11號平口擠花嘴的擠花袋中。

在鋪有烤盤紙的烤盤上，間隔2公分地擠出直徑約3.5公分的圓形麵糊。將烤盤朝鋪有廚房布巾的工作檯輕敲，讓餅狀麵糊稍微攤開。用濾茶網（passette à thé）篩撒上食用金粉。在室溫下靜置至少30分鐘，讓餅殼麵糊的表面結皮。

將旋風式烤箱預熱至180℃（熱度6）。將焦糖金色馬卡龍餅殼的烤盤放入烤箱。烘烤12分鐘，期間將烤箱門快速打開二次，讓濕氣散出。出爐後，將一片片的馬卡龍餅殼擺在工作檯上。

製作巧克力純麥威士忌甘那許。在大的平底深鍋中，將威士忌加熱至約40℃。將平底深鍋離火，然後在做好萬全的防護措施下，用噴槍點燃威士忌，餘燒直到酒精完全蒸發。放涼。

用鋸齒刀將巧克力和可可塊切碎，以隔水加熱或微波的方式，將巧克力和可可塊加熱至45℃/50℃，讓巧克力和可可塊融化。

約72顆馬卡龍
（約需144片餅殼）
準備：5 MIN（提前五天，見「步驟圖解」）+ 1 H 30 MIN
烹調：約25 MIN
乾燥：30 MIN
冷藏：2 H + 24 H

LE BISCUIT MACARON CARAMEL ET OR
焦糖金色馬卡龍餅殼

300克 糖粉
300克 杏仁粉
約2克 液狀黃色（jaune）食用色素
15克 濃縮咖啡液（Trablit）
110克 + 110克 蛋白液（見「步驟圖解」）
75克 礦泉水
300克 細砂糖

LA GANACHE AU CHOCOLAT ET WHISKY PUR MALT
巧克力純麥威士忌甘那許

350克 日本秩父純麥威士忌（whisky pur malt Chichibu The First）（以取得**135克**的威士忌濃縮液）（Maison du Whisky）
335克 可可脂含量72%的阿拉瓜尼（Araguani）巧克力（Valrhona）
35克 可可脂含量100%的可可塊（cacao pâte）（Valrhona）
235克 液狀法式鮮奶油（脂肪含量32至35%）
115克 室溫軟化的奶油（Viette）

LA FINITION 最後加工

食用金粉（poudre d'or en paillettes）（PCB）

將液狀法式鮮奶油和威士忌濃縮液一起煮沸。分三次倒入融化的巧克力與可可塊中，並從中央開始，慢慢朝外以繞圈的方式小心地攪拌。以手持式電動攪拌棒攪打至甘那許變得均勻。

將奶油小塊小塊地混入。再以手持式電動攪拌棒攪打至甘那許變得均勻。倒入焗烤盤中，將保鮮膜緊貼在甘那許的表面。冷藏保存2小時，直到甘那許變爲乳霜狀。

將乳霜狀的巧克力純麥威士忌甘那許放入裝有11號平口擠花嘴的擠花袋。將一半的餅殼翻面，平坦朝上放在一張烤盤紙上。將巧克力威士忌甘那許擠在餅殼上。蓋上另一半的餅殼並輕輕按壓。

將馬卡龍冷藏保存24小時。在品嚐前2小時取出。

Macaron Agapé

無私的愛馬卡龍

無私的愛（Agapé）！
無條件的神聖之愛，
我們精心挑選了這個名稱
來為這款具有聖誕辛香風味的馬卡龍命名。
而檸檬奶油餡的芳香和酸甜甘美
更提升了它的味覺層次。
建議您自己動手做香料麵包，
搭配起來滋味更棒。

前二天，製作手工香料麵包體。將麵粉、馬鈴薯粉、黑麥粉、小蘇打粉和香料麵包的綜合香料粉一起過篩。用電動攪拌器以高速攪打奶油、黑糖、葡萄糖漿、蜂蜜、柳橙果醬、鹽之花約5分鐘。加入蛋，再度攪打10分鐘。混入一開始的過篩粉類。將麵糊混合至均勻。

將旋風式烤箱預熱至170℃（熱度5/6）。為長約21公分的蛋糕模（moule à cake）刷上奶油並撒上麵粉。倒入麵糊後放入烤箱，烘烤1小時。為香料麵包脫模，放涼後以保鮮膜包起。保存在室溫下。

同樣提前二天，製作檸檬奶油醬。清洗檸檬並晾乾。在深缽盆中用Microplane刨刀將檸檬的果皮刨下。倒入細砂糖，將糖與果皮以指尖磨擦。加入蛋和檸檬汁。以隔水加熱的方式煮至83℃/84℃，並不時攪拌所有材料。將深缽盆放入裝有冰塊的另一個盆中，直到奶油醬的溫度下降至60℃。分次混入切成小塊狀的奶油，一邊用網狀攪拌器將奶油醬打至平滑，接著繼續攪打10分鐘。將保鮮膜緊貼在奶油醬上。冷藏保存至隔天。

前一天，製作檸檬馬卡龍餅殼。將糖粉和杏仁粉過篩。在55克的蛋白中混入食用色素。倒入糖粉和杏仁粉的備料中，不要攪拌。

將礦泉水和砂糖煮沸至電子溫度計達118℃。當糖漿到達115℃時，開始將另外55克的蛋白以電動攪拌器打成蛋白霜。

將煮至118°C的糖漿淋在蛋白霜上。攪打冷卻至50°C，然後將義式蛋白霜混入糖粉、杏仁粉和蛋白的備料中，一邊拌勻，一邊爲麵糊排掉多餘空氣。全部倒入裝有11號平口擠花嘴的擠花袋中。

在鋪有烤盤紙的烤盤上，間隔2公分地擠出直徑約3.5公分的圓形麵糊。將烤盤朝鋪有廚房布巾的工作檯輕敲，讓餅狀麵糊稍微攤開。在室溫下靜置至少30分鐘，讓餅殼麵糊的表面結皮。

製作焦糖色馬卡龍餅殼。將糖粉和杏仁粉過篩。在55克的蛋白中混入食用色素和咖啡濃縮液。倒入糖粉和杏仁粉的備料中，不要攪拌。

將礦泉水和砂糖煮沸至電子溫度計達118°C。當糖漿到達115°C時，開始將另外55克的蛋白以電動攪拌器打成蛋白霜。

將煮至118°C的糖漿淋在蛋白霜上。攪打冷卻至50°C，然後將義式蛋白霜混入糖粉、杏仁粉和蛋白的備料中，一邊拌勻，一邊爲麵糊排掉多餘空氣。全部倒入裝有11號平口擠花嘴的擠花袋中。

在鋪有烤盤紙的烤盤上，間隔2公分地擠出直徑約3.5公分的圓形麵糊。將烤盤朝鋪有廚房布巾的工作檯輕敲，讓餅狀麵糊稍微攤開。在室溫下靜置至少30分鐘，讓餅殼麵糊的表面結皮。

將旋風式烤箱預熱至180°C（熱度6）。將擺有檸檬和焦糖色馬卡龍的烤盤放入烤箱。烘烤12分鐘，期間將烤箱門快速打開二次，讓濕氣散出。出爐後，將一片片的馬卡龍餅殼擺在工作檯上。

將香料麵包切片，接著再切成邊長1.5公分的小丁。

將前一天製作的檸檬奶油醬倒入裝有11號平口擠花嘴的擠花袋中。將檸檬馬卡龍的餅殼倒扣，平坦面朝上放在烤盤紙上。將檸檬奶油醬擠在餅殼上。在中央輕輕插入一塊香料麵包丁。再擠上一點檸檬奶油醬。蓋上焦糖色馬卡龍的餅殼並輕輕按壓。

將馬卡龍冷藏保存24小時。在品嚐前2小時取出。

約72顆馬卡龍
（約需144片餅殼）
準備：**5 MIN（提前五天，見「步驟圖解」）+ 30 MIN（前二天）+ 1 H 40 MIN**
烹調：**1 H 20 MIN（前二天）+ 約15 MIN**
乾燥：**30 MIN + 30 MIN**
冷藏：**2次 24H**

LE BISCUIT PAIN D'ÉPICES MAISON
手工香料麵包

45克 中筋麵粉
30克 馬鈴薯粉（fécule de pomme de terre）
150克 黑麥粉（farine de seigle）
15克 食用蘇打粉（bicarbonate de soude alimentaire）
15克 香料麵包用綜合香料粉（épices à pain d'épices）
90克 奶油（Viette）
25克 黑糖（cassonade brune）
70克 葡萄糖漿（sirop de glucose）
225克 百花蜜
225克 柳橙果醬（marmelade d'orange）
3克 葛宏德鹽之花
125克 全蛋
蛋糕模用奶油 + 麵粉

*香料麵包的香料粉（poudre de pain d'épices）混合了薑粉、肉桂、丁香、肉豆蔻…等香料製成。

LA CRÈME CITRON 檸檬奶油醬

約3至4顆 黃檸檬
200克 全蛋
220克 細砂糖
25克 西西里黃檸檬皮（citron jaune de Sicile）
160克 西西里新鮮黃檸檬汁
300克 室溫回軟的奶油（Viette）

LE BISCUIT MACARON CITRON
檸檬馬卡龍餅殼

150克 糖粉
150克 杏仁粉
3克 液狀黃色（jaune）食用色素
55克 + 55克 蛋白液（見「步驟圖解」）
38克 礦泉水
150克 細砂糖

LE BISCUIT MACARON CARAMEL
焦糖色馬卡龍餅殼

150克 糖粉
150克 杏仁粉
1克 液狀黃色食用色素
7.5克 濃縮咖啡液（Trablit）
55克 + 55克 蛋白液（見「步驟圖解」）
43克 礦泉水
150克 細砂糖

Macaron PX

PX酒香馬卡龍

約72顆馬卡龍
（約需144片餅殼）
準備：5 MIN（提前五天，見「步驟圖解」）+ 3 MIN（提前二天）+ 1 H 30 MIN
浸漬時間：12 H
瀝乾時間：12 H
烹調：約25 MIN
乾燥：30 MIN
冷藏：2次12 H + 2 H + 24 H

○

LES RAISINS BLONDS AU PX
PX酒釀金黃葡萄乾

100克 PX酒（Pedro Ximenez Triana）
100克 金黃葡萄乾（raisin sec blond）

○○

LE BISCUIT MACARON PX
PX酒香馬卡龍餅殼

300克 糖粉
300克 杏仁粉
約5克 液狀巧克力棕（brun chocolat）食用色素
110克 + 110克 蛋白液（見「步驟圖解」）
75克 礦泉水
300克 細砂糖

○○○

LA CRÈME AU PX
PX酒香內餡

385克 可可脂含量35%的白巧克力（Valrhona Ivoire）
105克 液狀法式鮮奶油（脂肪含量32至35%）
215克 PX酒（Pedro Ximenez Triana）（Byzance）

和菲利浦・布拉尚（Philippe Poulachon）一起用餐時，品嚐了他所創立的拜占庭（Byzance）公司，所產的Pedro Ximenez Triana－簡稱PX的西班牙白酒。它具有濃郁日曬葡萄籽的味道。於是我想到以PX酒醃漬過的金黃葡萄乾，來裝填馬卡龍的點子。

提前二天，將PX酒加熱至60℃，接著淋在金黃葡萄乾上。冷藏浸漬12小時。隔天，將葡萄乾瀝乾。冷藏保存12小時。

前一天，製作PX酒香馬卡龍餅殼。將糖粉和杏仁粉一起過篩。將食用色素混入110克的蛋白中。倒入糖粉和杏仁粉的備料中，不要攪拌。

將礦泉水和砂糖煮沸至電子溫度計達118℃。當糖漿到達115℃時，開始將另外110克的蛋白以電動攪拌器打成蛋白霜。

→ 將煮至118℃的糖漿淋在蛋白霜上。攪打冷卻至50℃，然後將義式蛋白霜混入糖粉、杏仁粉和蛋白的備料中，一邊拌勻，一邊為麵糊排掉多餘空氣。全部倒入裝有11號平口擠花嘴的擠花袋中。

在鋪有烤盤紙的烤盤上，間隔2公分地擠出直徑約3.5公分的圓形麵糊。將烤盤朝鋪有廚房布巾的工作檯輕敲，讓餅狀麵糊稍微攤開。在室溫下靜置至少30分鐘，讓餅殼麵糊的表面結皮。

將旋風式烤箱預熱至180℃（熱度6）。將烤盤放入烤箱。烘烤12分鐘，期間將烤箱門快速打開二次，讓濕氣散出。出爐後，將一片片的馬卡龍餅殼擺在工作檯上。

製作PX酒香內餡。用鋸齒刀將巧克力切碎，以隔水加熱或微波的方式，將巧克力加熱至45℃/50℃，讓巧克力融化。將液狀法式鮮奶油煮沸。分三次倒入融化的巧克力中，並從中央開始，慢慢朝外以繞圈的方式小心地攪拌。將PX酒加熱至40℃。以同樣方式混入鮮奶油和巧克力的混合物中。以手持式電動攪拌棒打至均勻。

將上述備料倒入焗烤盤中，將保鮮膜貼在PX酒香內餡上。冷藏保存2小時，直到內餡變為乳霜狀。

將PX酒香內餡倒入裝有11號平口擠花嘴的擠花袋中。將一半的餅殼翻面，平坦朝上放在一張烤盤紙上。將PX酒香內餡擠在餅殼上。在中央輕輕插入一顆浸漬過的金黃葡萄乾。再擠上一點PX酒香內餡。蓋上另一半的餅殼並輕輕按壓。

將馬卡龍冷藏保存24小時。在品嚐前2小時取出。

Dans mes créations seul compte le goût.

我的創作，唯有美味。

Macaron Caraquillo

卡拉基洛馬卡龍

我在西班牙的加泰隆尼亞(catalogne)地區
品嚐到卡拉基洛,
這是一種以茴香利口酒(liqueur d'anis)
調味的咖啡。
因而開始想像一款,
以巧克力的味道爲基底,
搭上巴西Iapar rouge咖啡,
帶有可可脂含量61%苦甜巧克力的強烈香氣,
再以少許茴香酒提味的馬卡龍。

前一天,製作巧克力馬卡龍餅殼。用鋸齒刀將可可塊切碎,以隔水加熱或微波的方式,將可可塊加熱至45℃/50℃,讓可可塊融化。將糖粉和杏仁粉一起過篩。

在110克的蛋白中混入食用色素。倒入糖粉和杏仁粉的備料中,不要攪拌。

將礦泉水和砂糖煮沸至電子溫度計達118℃。當糖漿到達115℃時,開始將另外110克的蛋白以電動攪拌器打成蛋白霜。

將煮至118℃的糖漿淋在蛋白霜上。攪打冷卻至50℃。將一部分的義式蛋白霜混入融化的可可塊中。再混入糖粉、杏仁粉和蛋白的備料,並加入剩餘融化的可可塊,一邊拌勻,一邊爲麵糊排掉多餘空氣。全部倒入裝有11號平口擠花嘴的擠花袋中。

在鋪有烤盤紙的烤盤上,間隔2公分地擠出直徑約3.5公分的圓形麵糊。將烤盤朝鋪有廚房布巾的工作檯輕敲,讓餅狀麵糊稍微攤開。撒上白金粉。在室溫下靜置至少30分鐘,讓餅殼麵糊的表面結皮。

約72顆馬卡龍
（約需144片餅殼）
準備：5 MIN（提前五天，見「步驟圖解」）+ 1 H 30 MIN
烹調：約15 MIN
浸泡：10 MIN
乾燥：30 MIN
冷藏：2 H + 24 H

LE BISCUIT MACARON CHOCOLAT
巧克力馬卡龍餅殼

120克 可可脂含量100%的可可塊（cacao pâte）（Valrhona）
300克 糖粉
300克 杏仁粉
0.5克 液狀胭脂紅（rouge carmin）食用色素
110克 + 110克 蛋白液（見「步驟圖解」）
75克 礦泉水
300克 細砂糖

LA GANACHE CHOCOLAT, CAFÉ, ANIS
茴香咖啡巧克力甘那許

400克 可可脂含量61%的苦甜濃巧克力（extra-bitter）（Valrhona）
320克 液狀法式鮮奶油（脂肪含量32至35%）
20克 巴西IAPAR ROUGE咖啡粉（L'Arbre à Café）
60克 室溫軟化的奶油（Viette）
20克 力加茴香酒（Ricard）或茴香利口酒（liqueur d'anis）

LA FINITION 最後加工

食用白金粉（poudre d'or blanc）（PCB）

將旋風式烤箱預熱至180℃（熱度6）。將放有巧克力馬卡龍餅殼的烤盤放入烤箱。烘烤12分鐘，期間將烤箱門快速打開二次，讓濕氣散出。出爐後，將一片片的馬卡龍餅殼擺在工作檯上。

製作茴香咖啡巧克力甘那許。用鋸齒刀將巧克力切碎，以隔水加熱或微波的方式，將巧克力加熱至45℃/50℃，讓巧克力融化。將液狀法式鮮奶油和咖啡粉一起煮沸，離火。加蓋並浸泡10分鐘。用細孔的漏斗型網篩過濾浸泡過的鮮奶油。

將咖啡鮮奶油分三次倒入融化的巧克力中，並從中央開始，慢慢朝外以繞圈的方式小心地攪拌。混入奶油和茴香酒。以手持式電動攪拌棒將甘那許打至均勻。

倒入焗烤盤中，將保鮮膜緊貼在甘那許的表面。冷藏保存2小時，直到甘那許變為乳霜狀。

將乳霜狀的甘那許放入裝有11號平口擠花嘴的擠花袋中。將一半的餅殼翻面，平坦面朝上放在一張烤盤紙上。將甘那許擠在餅殼上，蓋上另一半的餅殼並輕輕按壓。

將馬卡龍冷藏保存24小時。在品嚐前2小時取出。

約72顆馬卡龍
（約需144片餅殼）
準備：5 MIN（提前五天，見「步驟圖解」）+ 2 H
烹調：約30 MIN
浸泡：30 MIN
乾燥：2次30 MIN
冷藏：4 H + 24 H

Macaron Crème brûlée
法式烤布蕾馬卡龍

LES ÉCLATS DE CARAMEL AU BEURRE SALÉ
鹹奶油焦糖碎片

50克 葡萄糖（glucose）
50克 細砂糖
50克 半鹽奶油（beurre demi-sel）

LE BISCUIT MACARON VANILLE
香草馬卡龍餅殼

150克 糖粉
150克 杏仁粉
1.5克 香草粉
55克 + 55克 蛋白液（見「步驟圖解」）
43克 礦泉水
150克 細砂糖

LE BISCUIT MACARON CARAMEL
焦糖馬卡龍餅殼

150克 糖粉
150克 杏仁粉
1克 液狀黃色（jaune）食用色素
7.5克 濃縮咖啡液（Trablit）
55克 + 55克 蛋白液（見「步驟圖解」）
38克 礦泉水
150克 細砂糖

LA GANACHE VANILLE AUX ÉCLATS DE CARAMEL AU BEURRE SALÉ
鹹奶油焦糖碎片香草甘那許

2根 大溪地香草莢
2根 馬達加斯加香草莢
2根 墨西哥香草莢
345克 液狀法式鮮奶油（脂肪含量32至35%）
385克 可可脂含量35%的白巧克力（Valrhona Ivoire）
+ 鹹奶油焦糖碎片

＊香草粉（vanille en poudre）是將香草莢乾燥後磨成細粉。

當我在1980年代
發現了法式烤布蕾，
便非常喜愛那絲滑香草布丁，
與剛剛好焦化，形成的薄脆糖片
之間的對比。
我用滑嫩口感的香草無限甘那許，
搭配上酥脆口感的
鹹奶油焦糖碎片，
設計出這道馬卡龍。

前一天，製作鹹奶油焦糖碎片。將葡萄糖和細砂糖一起煮沸，直到形成深褐色的焦糖，不停攪拌，並加入半鹽奶油。

再將焦糖煮沸一次，接著倒入鋪有烤盤紙的烤盤中。從側邊將烤盤紙稍微提起，讓焦糖鋪成薄薄的一層。在焦糖上再鋪上另一張烤盤紙。用擀麵棍將焦糖擀平。放涼後用擀麵棍壓碎。用食物料理機快速攪打，以獲得細碎片。保存在室溫乾燥處。

製作香草馬卡龍餅殼。將糖粉、杏仁粉和香草粉一起過篩。將55克的蛋白倒入糖粉、杏仁粉和香草粉的備料中，不要攪拌。

→ 將礦泉水和砂糖煮沸至電子溫度計達118℃。當糖漿到達115℃時，開始將另外55克的蛋白以電動攪拌器打成蛋白霜。

將煮至118℃的糖漿淋在蛋白霜上。攪打冷卻至50℃，然後將義式蛋白霜混入糖粉、杏仁粉和蛋白的備料中，一邊拌勻，一邊爲麵糊排掉多餘空氣。全部倒入裝有11號平口擠花嘴的擠花袋中。

在鋪有烤盤紙的烤盤上，間隔2公分地擠出直徑約3.5公分的圓形麵糊。將烤盤朝鋪有廚房布巾的工作檯輕敲，讓餅狀麵糊稍微攤開。在室溫下靜置至少30分鐘，讓餅殼麵糊的表面結皮。

製作焦糖馬卡龍餅殼。將糖粉和杏仁粉一起過篩。在55克的蛋白中混入食用色素和濃縮咖啡液。倒入糖粉和杏仁粉的備料中，不要攪拌。

將礦泉水和砂糖煮沸至電子溫度計達118℃。當糖漿到達115℃時，開始將另外55克的蛋白以電動攪拌器打成蛋白霜。

將煮至118℃的糖漿淋在蛋白霜上。攪打冷卻至50℃，然後將義式蛋白霜混入糖粉、杏仁粉和蛋白的備料中，一邊拌勻，一邊為麵糊排掉多餘空氣。全部倒入裝有11號平口擠花嘴的擠花袋中。

在鋪有烤盤紙的烤盤上，間隔2公分地擠出直徑約3.5公分的圓形麵糊。將烤盤朝鋪有廚房布巾的工作檯輕敲，讓餅狀麵糊稍微攤開。在室溫下靜置至少30分鐘，讓餅殼麵糊的表面結皮。

將旋風式烤箱預熱至180℃（熱度6）。將放有香草和焦糖馬卡龍餅殼的烤盤放入烤箱。烘烤12分鐘，期間將烤箱門快速打開二次，讓濕氣散出。出爐後，將一片片的馬卡龍餅殼擺在工作檯上。

製作鹹奶油焦糖碎片香草甘那許。將香草莢剖開成兩半。用刀將籽刮下，將香草籽和去籽的香草莢加入液狀法式鮮奶油中。將鮮奶油煮沸，離火。加蓋，浸泡30分鐘。用鋸齒刀將巧克力切碎，以隔水加熱或微波的方式，將巧克力加熱至45℃/50℃，讓巧克力融化。

將鮮奶油過濾並再度煮沸。分三次倒入融化的巧克力中，並從中央開始，慢慢朝外以繞圈的方式小心地攪拌。

倒入焗烤盤中，將保鮮膜緊貼在甘那許的表面。冷藏保存4小時，直到甘那許變為乳霜狀。混入鹹奶油焦糖碎片，加以攪拌，接著放入裝有11號平口擠花嘴的擠花袋中。

將香草馬卡龍餅殼翻面，平坦朝上放在一張烤盤紙上。將鹹奶油焦糖碎片香草甘那許擠在餅殼上，蓋上焦糖馬卡龍餅殼並輕輕按壓。

將馬卡龍冷藏保存24小時。在品嚐前2小時取出。

Macaron chocolat et vanille

香草巧克力馬卡龍

以往總是在香草中加入巧克力塊、
巧克力糖果、覆蓋巧克力...
但我想讓巧克力香草的傳奇組合更上一層樓。
我追求這兩種食材更全面的融合，
讓這款馬卡龍的風味能夠更加強烈。

前一天，製作香草馬卡龍餅殼。將糖粉、香草粉和杏仁粉一起過篩。將110克的蛋白倒入糖粉、香草粉和杏仁粉的備料中，不要攪拌。

將礦泉水和砂糖煮沸至電子溫度計達118℃。當糖漿到達115℃時，開始將另外110克的蛋白以電動攪拌器打成蛋白霜。

將煮至118℃的糖漿淋在蛋白霜上。攪打冷卻至50℃，然後將義式蛋白霜混入糖粉、香草粉、杏仁粉和蛋白的備料中，一邊拌勻，一邊爲麵糊排掉多餘空氣。全部倒入裝有11號平口擠花嘴的擠花袋中。

在鋪有烤盤紙的烤盤上，間隔2公分地擠出直徑約3.5公分的圓形麵糊。將烤盤朝鋪有廚房布巾的工作檯輕敲，讓餅狀麵糊稍微攤開，表面撒上香草粉。在室溫下靜置至少30分鐘，讓餅殼麵糊的表面結皮。

將旋風式烤箱預熱至180℃（熱度6）。將烤盤放入烤箱。烘烤12分鐘，期間將烤箱門快速打開二次，讓濕氣散出。出爐後，將一片片的馬卡龍餅殼擺在工作檯上。

製作巧克力無限和香草無限甘那許。用鋸齒刀將2種巧克力切碎，以隔水加熱或微波的方式，將巧克力一起加熱至45℃/50℃，讓巧克力融化。將液狀法式鮮奶油倒入平底深鍋中。將所有的香草莢剖開成兩半，將籽刮下，然後將籽連同挖空的香草莢都投入平底深鍋中。煮沸。離火。加蓋浸泡至少30分鐘。用細孔的漏斗型濾器過濾鮮奶油。

鮮奶油分三次倒入融化的巧克力中，並從中央開始，慢慢朝外以繞圈的方式小心地攪拌。分次混入奶油。最後以手持式電動攪拌棒攪打至甘那許變得均勻。

將甘那許倒入焗烤盤中，將保鮮膜緊貼在甘那許的表面。冷藏保存2小時，直到甘那許變爲乳霜狀。

將乳霜狀的巧克力無限和香草無限甘那許放入裝有11號平口擠花嘴的擠花袋中。將一半的餅殼翻面，平坦朝上放在一張烤盤紙上。將甘那許擠在餅殼上，蓋上另一半的餅殼並輕輕按壓。

將馬卡龍冷藏保存24小時。在品嚐前2小時取出。

約72顆馬卡龍
（約需144片餅殼）
準備：**5 MIN（提前五天，見「步驟圖解」）＋1 H 30 MIN**
烹調：**約15 MIN**
浸泡：**至少30 MIN**
乾燥：**30 MIN**
冷藏：**2 H + 24 H**

○

LE BISCUIT MACARON VANILLE
香草馬卡龍餅殼

300克 糖粉
2克 香草粉
300克 杏仁粉
110克 + 110克 蛋白液（見「步驟圖解」）
75克 礦泉水
300克 細砂糖

○○

LA GANACHE INFINIMENT CHOCOLAT ET INFINIMENT VANILLE
巧克力無限和香草無限甘那許

225克 可可脂含量40%的吉瓦納（Jivara）巧克力（Valrhona）
160克 可可脂含量61%的苦甜（extra-bitter）巧克力（Valrhona）
400克 液狀法式鮮奶油（脂肪含量32至35%）
5根 墨西哥香草莢
5根 馬達加斯加香草莢
5根 大溪地香草莢
35克 室溫回軟的奶油（Viette）

○○○

LA FINITION 最後加工

香草粉

＊香草粉（vanille en poudre）是將香草莢乾燥後磨成細粉。

Macaron Coing à la Rose

玫瑰榲桲馬卡龍

當我在位於伊瑟南（Issenheim）的
尚巴納學院（l'institut de Champagnat）
宿舍花園裡散步，
沿著榲桲果園走，
成熟的黃色水果散發出濃郁的芳香。
而品嚐煮過的榲桲時，
我發覺它帶有淡淡的玫瑰香。
這樣的搭配對我而言非常理所當然。

前一天，製作染色結晶糖。將烤箱預熱至60℃（熱度2）。戴上拋棄式手套，將食用色素和結晶糖一起搓揉。將染色的糖鋪在烤盤中，放入烤箱烘乾30分鐘。保存在室溫下。

製作玫瑰榲桲馬卡龍餅殼。將糖粉和杏仁粉一起過篩。將食用色素混入110克的蛋白中。倒入糖粉和杏仁粉的備料中，不要攪拌。

將礦泉水和砂糖煮沸至電子溫度計達118℃。當糖漿到達115℃時，開始將另外110克的蛋白以電動攪拌器打成蛋白霜。

將煮至118℃的糖漿淋在蛋白霜上。攪打冷卻至50℃，然後將義式蛋白霜混入糖粉、杏仁粉和蛋白的備料中，一邊拌勻，一邊爲麵糊排掉多餘空氣。全部倒入裝有11號平口擠花嘴的擠花袋中。

在鋪有烤盤紙的烤盤上，間隔2公分地擠出直徑約3.5公分的圓形麵糊。將烤盤朝鋪有廚房布巾的工作檯輕敲，讓餅狀麵糊稍微攤開。在麵糊上撒一點點的染色結晶糖後，在室溫下靜置至少30分鐘，讓餅殼麵糊的表面結皮。

約72顆馬卡龍
（約需144片餅殼）
準備：5 MIN（提前五天，見「步驟圖解」） + 2 H
烹調：約1 H30 MIN
乾燥：30 MIN
冷藏：4 H + 24 H

○

LE SUCRE CRITALLISÉ TEINTÉ
染色結晶糖

250克 粗粒結晶糖（sucre cristallisé）
2.5克 液狀黃色（jaune）食用色素

○○

LE BISCUIT MACARON COING À LA ROSE
玫瑰榲桲馬卡龍餅殼

300克 糖粉
300克 杏仁粉
2.5克 液狀黃色（jaune）食用色素
1克 液狀紅色（rouge）食用色素
110克 + 110克 蛋白液（見「步驟圖解」）
75克 礦泉水
300克 細砂糖

○○○

LA GANACHE AU COING À LA ROSE
玫瑰榲桲甘那許

600克 榲桲（coing）或4顆榲桲（以取得**230克** 的榲桲泥）
25克 現榨黃檸檬汁
385克 可可脂含量35%的白巧克力（Valrhona Ivoire）
90克 液狀法式鮮奶油（脂肪含量32至35%）
20克 玫瑰糖漿（sirop de rose）
1克 濃縮玫瑰香露（extrait alcoolique de rose）

將旋風式烤箱預熱至180℃（熱度6）。將烤盤放入烤箱。烘烤12分鐘，期間將烤箱門快速打開二次，讓濕氣散出。出爐後，將一片片的馬卡龍餅殼擺在工作檯上。

製作玫瑰榲桲甘那許。將榲桲去皮，切丁，蒸15分鐘。用食物料理機打成細碎的泥狀。將榲桲泥和檸檬汁一起倒入平底深鍋中，加熱。

用鋸齒刀將巧克力切碎，以隔水加熱或微波的方式，將巧克力加熱至45℃/50℃，讓巧克力融化。將液狀法式鮮奶油倒入和榲桲泥一起煮沸。分三次倒入融化的巧克力中，並從中央開始，慢慢朝外以繞圈的方式小心地攪拌。混入玫瑰糖漿和濃縮玫瑰香露。以手持式電動攪拌棒攪打至甘那許變得均勻。

將上述甘那許倒入焗烤盤中，將保鮮膜緊貼在甘那許的表面。冷藏保存4小時，直到甘那許變爲乳霜狀。

將玫瑰榲桲甘那許放入裝有11號平口擠花嘴的擠花袋中。將一半的餅殼翻面，平坦朝上放在一張烤盤紙上。將玫瑰榲桲甘那許擠在餅殼上。蓋上另一半的餅殼並輕輕按壓。

將馬卡龍冷藏保存24小時。在品嚐前2小時取出。

Macaron Dépaysé

異國風馬卡龍

這款馬卡龍之所以稱爲「異國風」，
是因爲它的靈感來自於日本。
我將宇治抹茶（Matcha Uji）
這種帶微苦可口草香的碧綠色粉末，
和日本紅豆帶油脂的甜味相結合，
再以砂勞越黑胡椒、青檸皮、米醋和生薑調味。

前一天，製作異國風馬卡龍餅殼。將糖粉和杏仁粉一起過篩。將食用色素混入110克的蛋白中。倒入糖粉和杏仁粉的備料中，不要攪拌。

將礦泉水和砂糖煮沸至電子溫度計達118℃。當糖漿到達115℃時，開始將另外110克的蛋白以電動攪拌器打成蛋白霜。

將煮至118℃的糖漿淋在蛋白霜上。攪打冷卻至50℃，然後將義式蛋白霜混入糖粉、杏仁粉和蛋白的備料中，一邊拌勻，一邊爲麵糊排掉多餘空氣。全部倒入裝有11號平口擠花嘴的擠花袋中。

在鋪有烤盤紙的烤盤上，間隔2公分地擠出直徑約3.5公分的圓形麵糊。將烤盤朝鋪有廚房布巾的工作檯輕敲，讓餅狀麵糊稍微攤開。用撒粉罐（sapoudreuse）爲所有的餅殼表面略略撒上宇治抹茶粉。在室溫下靜置至少30分鐘，讓餅殼麵糊的表面結皮。

約72顆馬卡龍
(約需144片餅殼)
準備：5 MIN(提前五天，見「步驟圖解」) + 2 H
浸泡：20 MIN
烹調：約25 MIN
乾燥：30 MIN
冷藏：4 H + 24 H

LE BISCUIT MACARON DÉPAYSÉ
異國風馬卡龍餅殼

300克 糖粉
300克 杏仁粉
0.5克 液狀薄荷綠(vert menthe)食用色素
0.5克 液狀開心果綠(vert pistache)食用色素
110克 + 110克 蛋白液(見「步驟圖解」)
75克 礦泉水
300克 細砂糖

LA COMPOTE DE HARICOTS ROUGES ASSAISONNÉE
調味糖煮紅豆

6克 吉力丁片(feuille de gélatine)
450克 預先以糖煮好的紅豆粒(森永糖煮紅豆粒)
1顆 青檸皮(zeste de citron vert)
2克 新鮮生薑(gingembre frais)
20克 米醋(vinaigre de riz)
1/4克 研磨罐裝砂勞越黑胡椒

LA CRÈME AU THÉ VERT MATCHA UJI
宇治抹茶內餡

385克 可可脂含量35%的白巧克力(Valrhona Ivoire)
425克 液狀法式鮮奶油(脂肪含量32至35%)
30克 宇治抹茶粉(thé vert Matcha Uji en poudre)(Cannon)

LA FINITION 最後加工

宇治抹茶粉

將旋風式烤箱預熱至180℃(熱度6)。將烤盤放入烤箱。烘烤12分鐘，期間將烤箱門快速打開二次，讓濕氣散出。出爐後，將一片片的馬卡龍餅殼擺在工作檯上。

製作調味糖煮紅豆。將吉力丁片分開，放入冷水中浸泡20分鐘至軟化。將1/4的糖煮紅豆稍微加熱。離火，混入瀝乾的吉力丁片，接著加入剩餘的糖煮紅豆、新鮮青檸檬皮、用Microplane刨刀刨下的薑絲。混入米醋、砂勞越黑胡椒，放涼。

製作抹茶內餡。用鋸齒刀將巧克力切碎，以隔水加熱或微波的方式，將巧克力加熱至45℃/50℃，讓巧克力融化。將液狀法式鮮奶油煮沸，接著放涼至60℃，然後混入宇治抹茶粉，快速攪打。接著分三次倒入融化的巧克力中，並從中央開始，慢慢朝外以繞圈的方式小心地攪拌。以手持式電動攪拌棒將混合好的抹茶內餡打至均勻。

將上述抹茶內餡倒入焗烤盤中，將保鮮膜緊貼在內餡表面。冷藏保存4小時，直到抹茶內餡變得滑順。

將滑順的抹茶內餡倒入裝有11號平口擠花嘴的擠花袋中。調味糖煮紅豆也同樣倒入擠花袋中。將一半的餅殼翻面，平坦朝上放在一張烤盤紙上。將抹茶內餡擠在餅殼上，接著在中央擠上一球調味糖煮紅豆。蓋上另一半的餅殼並輕輕按壓。

將馬卡龍冷藏保存24小時。在品嚐前2小時取出。

Macaron Fortunella

金桔馬卡龍

金桔在植物學上屬於金桔屬。
這橄欖形狀的小型柑橘類水果，
具有格外獨特的味道：甜中帶酸澀。
我選擇用茴香來調味，
茴香微妙的香氣可中和苦澀味，
並讓風味更持久。

提前三天製作糖漬金桔。清洗金桔並晾乾，切成兩半並去籽。將金桔放入深缽盆中。將礦泉水、糖和八角煮沸。淋在金桔上，冷藏浸漬24小時。

隔天，製作糖煮金桔。去掉八角，將糖漬金桔瀝乾，然後將約54片金桔各切成4小塊。將金桔塊置於架在深缽盆上方的網篩中，冷藏保存，瀝乾24小時。將剩餘的金桔310克連同檸檬汁、柳橙果醬和研磨罐裝的砂勞越黑胡椒一起打成果泥。將果泥狀的糖煮金桔冷藏保存24小時。

前一天，製作染色結晶糖。將烤箱預熱至60℃（熱度2）。戴上拋棄式手套，將食用黃金粉與結晶糖一起搓揉。將染色糖鋪在烤盤中，放入烤箱，烘乾30分鐘。保存在室溫下。

製作金桔馬卡龍餅殼。將糖粉和杏仁粉一起過篩。將食用色素混入110克的蛋白中。倒入糖粉和杏仁粉的備料中，不要攪拌。

將礦泉水和砂糖煮沸至電子溫度計達118℃。當糖漿到達115℃時，開始將另外110克的蛋白以電動攪拌器打成蛋白霜。

將煮至118℃的糖漿淋在蛋白霜上。攪打冷卻至50℃，然後將義式蛋白霜混入糖粉、杏仁粉和蛋白的備料中，一邊拌勻，一邊爲麵糊排掉多餘空氣。全部倒入裝有11號平口擠花嘴的擠花袋中。

在鋪有烤盤紙的烤盤上，間隔2公分地擠出直徑約3.5公分的圓形麵糊。將烤盤朝鋪有廚房布巾的工作檯輕敲，讓餅狀麵糊稍微攤開。爲餅殼表面撒上少許的染色結晶糖。在室溫下靜置至少30分鐘，讓餅殼麵糊的表面結皮。

將旋風式烤箱預熱至180℃(熱度6)。將烤盤放入烤箱。烘烤12分鐘，期間將烤箱門快速打開二次，讓濕氣散出。出爐後，將一片片的馬卡龍餅殼擺在工作檯上。

製作金桔內餡。將糖煮金桔加熱至60℃。用鋸齒刀將巧克力切碎，以隔水加熱或微波的方式，將巧克力加熱至45℃/50℃，讓巧克力融化。將糖煮金桔分三次倒入融化的巧克力中，並從中央開始，慢慢朝外以繞圈的方式小心地攪拌。以手持式電動攪拌棒將金桔內餡打至均勻。

將金桔內餡倒入焗烤盤中，將保鮮膜緊貼在表面。冷藏保存2小時，直到金桔內餡變得滑順。

將滑順的金桔內餡倒入裝有11號平口擠花嘴的擠花袋中。將一半的餅殼翻面，平坦朝上放在一張烤盤紙上。將金桔內餡擠在餅殼上。在中央輕輕插入三塊糖漬金桔。蓋上另一半的餅殼並輕輕按壓。

將馬卡龍冷藏保存24小時。在品嚐前2小時取出。

約72顆馬卡龍
(約需144片餅殼)
準備：5 MIN(提前五天，見「步驟圖解」) + 20 MIN(提前三天)
+ 20 MIN(前二天) + 1 H 30 MIN
烹調：5 MIN(提前三天) + 30 MIN
(提前二天) + 約25 MIN
乾燥：30 MIN
冷藏與浸漬時間：2H + 4次24 H

LES KUMQUATS CONFITS 糖漬金桔

700克 新鮮金桔 (kumquat)
900克 礦泉水
450克 細砂糖
5克 八角 (anis étoilé)

LA COMPOTE DE KUMQUAT
糖煮金桔

310克 糖漬金桔
30克 檸檬汁
125克 罐裝柳橙果醬 (marmelade d'orange)
1克 研磨罐裝砂勞越黑胡椒

LE SUCRE CRITALLISÉ TEINTÉ
染色結晶糖

250克 粗粒結晶糖
2.5克 食用黃金粉 (d'or jaune) (PCB)

LE BISCUIT MACARON FORTUNELLA
金桔馬卡龍餅殼

300克 糖粉
300克 杏仁粉
3.5克 液狀黃色 (jaune) 食用色素
0.5克 液狀紅色 (rouge) 食用色素
110克 + 110克 蛋白液 (見「步驟圖解」)
75克 礦泉水
300克 細砂糖

LA CRÈME AU KUMQUAT
金桔內餡

460克 糖煮金桔
385克 可可脂含量35%的白巧克力 (Valrhona Ivoire)

Macaron Huile de noisette et Asperge verte

榛果油綠蘆筍馬卡龍

約72顆馬卡龍
（約需144片餅殼）
準備：5 MIN（提前五天，見「步驟圖解」）+ 2 H
烹調：約20 MIN
乾燥：2次30 MIN
冷藏：2 H + 24 H

○

LE BISCUIT MACARON VERT OLIVE
橄欖綠馬卡龍餅殼

150克 糖粉
150克 杏仁粉
3.5克 液狀橄欖綠（vert olive）食用色素
55克 + 55克 蛋白液（見「步驟圖解」）
48克 礦泉水
150克 細砂糖

○○

LE BISCUIT MACARON NATURE
原味馬卡龍餅殼

150克 糖粉
150克 杏仁粉
55克 + 55克 蛋白液（見「步驟圖解」）
38克 礦泉水
150克 細砂糖

○○○

LA CRÈME À L'HUILE DE NOISETTE
榛果油內餡

300克 可可脂含量35%的白巧克力（Valrhona Ivoire）
135克 液狀法式鮮奶油（脂肪含量32至35%）
200克 榛果油（huile de noisette）（Huilerie Beaujolaise,Jean-Marc, Montegottero）

○○○○

LES CUBES D'ASPERGES VERTES
綠蘆筍丁

300克 綠蘆筍（asperge verte）
50克 細砂糖
20克 細鹽（sel fin）

艾曼紐・雷諾（Emmanuel Renaut）
法國梅傑夫（Megève）的
米其林三星主廚
給了我這款馬卡龍的靈感。
在他餐廳的前菜裡
品嚐到榛果蘆筍費南雪（financier aux noisettes et asperges）後，
我便萌生在鮮奶油中，
適當結合榛果油的絕妙香氣
和綠蘆筍的微苦來製作馬卡龍。

前一天，製作橄欖綠馬卡龍餅殼。將糖粉和杏仁粉過篩。將食用色素倒入55克的蛋白，再將蛋白全部倒入糖粉和杏仁粉的備料中，不要攪拌。

將礦泉水和砂糖煮沸至電子溫度計達118℃。當糖漿到達115℃時，開始將另外55克的蛋白以電動攪拌器打成蛋白霜。

→ 將煮至118℃的糖漿淋在蛋白霜上。攪打冷卻至50℃，然後將義式蛋白霜混入糖粉、杏仁粉和蛋白的備料中，一邊拌勻，一邊爲麵糊排掉多餘空氣。全部倒入裝有11號平口擠花嘴的擠花袋中。

在鋪有烤盤紙的烤盤上，間隔2公分地擠出直徑約3.5公分的圓形麵糊。將烤盤朝鋪有廚房布巾的工作檯輕敲，讓餅狀麵糊稍微攤開。在室溫下靜置至少30分鐘，讓餅殼麵糊的表面結皮。

製作原味馬卡龍餅殼。將糖粉和杏仁粉過篩。將55克的蛋白倒入糖粉和杏仁粉的備料中，不要攪拌。

將礦泉水和砂糖煮沸至電子溫度計達118℃。當糖漿到達115℃時，開始將另外110克的蛋白以電動攪拌器打成蛋白霜。

將煮至118℃的糖漿淋在蛋白霜上。攪打冷卻至50℃，然後將義式蛋白霜混入糖粉、杏仁粉和蛋白的備料中，一邊拌勻，一邊爲麵糊排掉多餘空氣。全部倒入裝有11號平口擠花嘴的擠花袋中。

在鋪有烤盤紙的烤盤上，間隔2公分地擠出直徑約3.5公分的圓形麵糊。將烤盤朝鋪有廚房布巾的工作檯輕敲，讓餅狀麵糊稍微攤開。在室溫下靜置至少30分鐘，讓餅殼麵糊的表面結皮。

將旋風式烤箱預熱至180℃（熱度6）。將放有橄欖綠和原味馬卡龍餅殼的烤盤放入烤箱。烘烤12分鐘，期間將烤箱門快速打開二次，讓濕氣散出。出爐後，將一片片的馬卡龍餅殼擺在工作檯上。

製作榛果油內餡。用鋸齒刀將巧克力切碎，以隔水加熱或微波加熱至45℃/50℃，讓巧克力融化。將液狀法式鮮奶油煮沸。分三次倒入融化的巧克力中，並從中央開始，慢慢朝外以繞圈的方式小心地攪拌。以手持式電動攪拌棒將甘那許打至均勻。

將榛果油加熱至35℃至40℃之間。甘那許一降至50℃以下，就分三次加入熱榛果油。以手持式電動攪拌棒將榛果油內餡打至均勻。

將榛果油內餡倒入焗烤盤中，將保鮮膜緊貼在表面。冷藏保存2小時，直到榛果油內餡變得滑順。

製作綠蘆筍丁。準備一個裝冰塊的深缽盆。將蘆筍根部切掉約4至5公分。不要削皮，切成5公釐的薄片。將剛好蓋過蘆筍的水、糖和鹽煮沸。將綠蘆筍片浸入沸水中45秒。立即瀝乾，然後放入裝滿冰塊的深缽盆中冷卻。再度瀝乾，並擺在吸水紙上晾乾。

將滑順的榛果油內餡倒入裝有11號平口擠花嘴的擠花袋中。將橄欖綠馬卡龍的餅殼翻面放在烤盤紙上。將榛果油內餡擠在餅殼上，在中央放上3至4片的蘆筍片。蓋上原味馬卡龍的餅殼並輕輕按壓。

將馬卡龍冷藏保存24小時。在品嚐前2小時取出。

Macaron Huile d'olive à la Mandarine

柑橘橄欖油馬卡龍

「Première Pression Provence」品牌的創始人
奧利維・波森（Olivier Baussan）
將新鮮的整顆柑橘和橄欖一起榨汁，
以取得極爲芳香的油。
我決定在這款馬卡龍的內餡中
使用這支細緻而芳香的柑橘橄欖油，
並搭配糖煮柑橘來強化它的風味。

前一天，製作柑橘馬卡龍餅殼。將糖粉和杏仁粉過篩。在55克的蛋白中混入食用色素。全部倒入糖粉和杏仁粉的備料中，不要攪拌。

將礦泉水和砂糖煮沸至電子溫度計達118℃。當糖漿到達115℃時，開始將另外55克的蛋白以電動攪拌器打成蛋白霜。

將煮至118℃的糖漿淋在蛋白霜上。攪打冷卻至50℃，然後將義式蛋白霜混入糖粉、杏仁粉和蛋白的備料中，一邊拌勻，一邊爲麵糊排掉多餘空氣。全部倒入裝有11號平口擠花嘴的擠花袋中。

在鋪有烤盤紙的烤盤上，間隔2公分地擠出直徑約3.5公分的圓形麵糊。將烤盤朝鋪有廚房布巾的工作檯輕敲，讓餅狀麵糊稍微攤開。在室溫下靜置至少30分鐘，讓餅殼麵糊的表面結皮。

製作橄欖綠馬卡龍餅殼。將糖粉和杏仁粉過篩。在55克的蛋白中混入食用色素。全部倒入糖粉和杏仁粉的備料中，不要攪拌。

將礦泉水和砂糖煮沸至電子溫度計達118℃。當糖漿到達115℃時，開始將另外55克的蛋白以電動攪拌器打成蛋白霜。

將煮至118℃的糖漿淋在蛋白霜上。攪打冷卻至50℃，然後將義式蛋白霜混入糖粉、杏仁粉和蛋白的備料中，一邊拌勻，一邊爲麵糊排掉多餘空氣。全部倒入裝有11號平口擠花嘴的擠花袋中。

約72顆馬卡龍
（約需144片餅殼）
準備：5 MIN（提前五天，見「步驟圖解」）+ 1 H 50 MIN
烹調：約20 MIN
乾燥：2次30 MIN
冷藏：4 H + 24 H

LE BISCUIT MACARON MANDARINE
柑橘馬卡龍餅殼

150克 糖粉
150克 杏仁粉
3.75克 液狀黃色（jaune）食用色素
1克 液狀紅色（rouge）食用色素
55克 + 55克 蛋白液（見「步驟圖解」）
43克 礦泉水
150克 細砂糖

LE BISCUIT MACARON VERT OLIVE
橄欖綠馬卡龍餅殼

150克 糖粉
150克 杏仁粉
1克 液狀橄欖綠（vert olive）食用色素
55克 + 55克 蛋白液（見「步驟圖解」）
38克 礦泉水
150克 細砂糖

LA COMPOTE DE MANDARINE
糖煮柑橘

335克 柑橘果汁和果肉（La Tête dans les olives）
4克 柑橘果皮
5克 洋菜（agar-agar）
10克 細砂糖
105克 罐裝柳橙果醬

LA CRÈME À L'HUILE D'OLIVE À LA MANDARINE
柑橘橄欖油內餡

225克 可可脂含量35%的白巧克力（Valrhona Ivoire）
100克 液狀法式鮮奶油（脂肪含量32至35%）
150克 柑橘橄欖油（huile d'olive à la mandarine）（Première Pression Provence）

在鋪有烤盤紙的烤盤上，間隔2公分地擠出直徑約3.5公分的圓形麵糊。將烤盤朝鋪有廚房布巾的工作檯輕敲，讓餅狀麵糊稍微攤開。在室溫下靜置至少30分鐘，讓餅殼麵糊的表面結皮。

將旋風式烤箱預熱至180℃（熱度6）。將放有柑橘馬卡龍餅殼和橄欖綠馬卡龍餅殼的烤盤放入烤箱。烘烤12分鐘，期間將烤箱門快速打開二次，讓濕氣散出。出爐後，將一片片的馬卡龍餅殼擺在工作檯上。

製作糖煮柑橘。清洗柑橘並晾乾，用Microplane刨刀刨下4克的果皮。將柑橘擠出汁並取下果肉。接著將果汁、果肉加入果皮，以手持式電動攪拌棒打至細碎的泥。另外混合洋菜和砂糖，將柳橙果醬、洋菜及砂糖的混合物一起煮沸。滾沸1分鐘，並持續攪拌。離火，接著緩緩地混入柑橘泥，放涼。將冷卻的糖煮柑橘倒入裝有11號平口擠花嘴的擠花袋中。

製作柑橘橄欖油內餡。用鋸齒刀將巧克力切碎，以隔水加熱或微波加熱至45℃/50℃，讓巧克力融化。將液狀法式鮮奶油煮沸。分三次倒入融化的巧克力中，並從中央開始，慢慢朝外以繞圈的方式小心地攪拌。以手持式電動攪拌棒將混合物打至均勻。待溫度一降至50℃以下，就分三次加入柑橘橄欖油。

將柑橘橄欖油內餡倒入焗烤盤中，將保鮮膜緊貼在表面。冷藏保存4小時，直到柑橘橄欖油內餡變得滑順。

將滑順的柑橘橄欖油內餡倒入裝有11號平口擠花嘴的擠花袋中。將柑橘馬卡龍的餅殼翻面放在烤盤紙上。將柑橘橄欖油內餡擠在餅殼上，在中央擠上一球的糖煮柑橘。蓋上橄欖綠馬卡龍的餅殼並輕輕按壓。

將馬卡龍冷藏保存24小時。在品嚐前2小時取出。

Macaron Fragola

草莓馬卡龍

約72顆馬卡龍
（約需144片餅殼）
準備：5 MIN（提前五天，見「步驟圖解」）+ 1 H 30 MIN
烹調：約55 MIN
乾燥：30 MIN
冷藏：4 H + 2次24 H

○

LE SUCRE CRITALLISÉ TEINTÉ
染色結晶糖

2.5克 液狀紅色（rouge）食用色素
250克 粗粒結晶糖

○○

LE BISCUIT MACARON FRAGOLA
草莓馬卡龍餅殼

300克 糖粉
300克 杏仁粉
110克 + 110克 蛋白液（見「步驟圖解」）
75克 礦泉水
300克 細砂糖

○○○

LA COMPOTE DE FRAISE
糖煮草莓

500克 草莓（Mara des Bois、Ciflorette或Gariguette品種）
45克 細砂糖
5克 洋菜（agar-agar）
25克 黃檸檬汁

○○○○

LA CRÈME AU VINAIGRE BALSAMIQUE
巴薩米克香醋內餡

250克 可可脂含量35%的白巧克力（Valrhona Ivoire）
50克 可可脂（beurre de cacao）
150克 液狀法式鮮奶油（脂肪含量32至35%）
60克 25年的陳年巴薩米克醋（vinaigre balsamique）

在義大利，
草莓的傳統吃法
一定會淋上幾滴的巴薩米克醋。
我將這奇特的組合稍做調整，
利用25年陳年巴薩米克香醋的酸
和糖漿般的質地，
再搭配上有著天然酸味
芳香清新的草莓。

＊Fragola草莓的義大利文。

前一天，製作染色結晶糖。將烤箱預熱至60℃（熱度2）。戴上拋棄式手套，將食用色素與結晶糖一起搓揉。將染色糖鋪在烤盤中，放入烤箱，烘乾30分鐘。保存在室溫下。

製作草莓馬卡龍餅殼。將糖粉和杏仁粉一起過篩。將110克的蛋白倒入糖粉和杏仁粉的備料中，不要攪拌。

將礦泉水和砂糖煮沸至電子溫度計達118℃。當糖漿到達115℃時，開始將另外110克的蛋白以電動攪拌器打成蛋白霜。

→ 將煮至118℃的糖漿淋在蛋白霜上。攪打冷卻至50℃，然後將義式蛋白霜混入糖粉、杏仁粉和蛋白的備料中，一邊拌勻，一邊為麵糊排掉多餘空氣。全部倒入裝有11號平口擠花嘴的擠花袋中。

在鋪有烤盤紙的烤盤上，間隔2公分地擠出直徑約3.5公分的圓形麵糊。將烤盤朝鋪有廚房布巾的工作檯輕敲，讓餅狀麵糊稍微攤開。為餅殼撒上少許染色結晶糖，在室溫下靜置至少30分鐘，讓餅殼麵糊的表面結皮。

將旋風式烤箱預熱至180℃（熱度6）。將放有草莓馬卡龍餅殼的烤盤放入烤箱。烘烤12分鐘，期間將烤箱門快速打開二次，讓濕氣散出。出爐後，將一片片的馬卡龍餅殼擺在工作檯上。

製作糖煮草莓。仔細清洗草莓並晾乾，去掉蒂頭。以多功能研磨機磨成泥，應可獲得400克的果泥。將一半的果泥加熱。另外混合細砂糖和洋菜，與加熱的草莓果泥混合，煮沸2分鐘，並持續攪拌。再一點一點地混入另一半草莓果泥和檸檬汁，攪拌後放涼。倒入裝有11號平口擠花嘴的擠花袋中。

製作巴薩米克香醋內餡。用鋸齒刀分別將巧克力和可可脂切碎，在二個平底深鍋中隔水加熱，或微波加熱至45℃/50℃，讓巧克力和可可脂融化。將液狀法式鮮奶油煮沸。將鮮奶油分三次倒入融化的巧克力中，並從中央開始，慢慢朝外以繞圈的方式小心地攪拌，再加入融化但稍涼的可可脂以及陳年巴薩米克。以手持式電動攪拌棒將巴薩米克香醋內餡打至均勻。

將巴薩米克香醋內餡倒入焗烤盤中，將保鮮膜緊貼在表面。冷藏保存4小時，直到內餡變得滑順。

將滑順的巴薩米克香醋內餡倒入裝有11號平口擠花嘴的擠花袋中。將一半的餅殼翻面，平坦朝上放在一張烤盤紙上。將巴薩米克香醋內餡擠在餅殼上，並擠上一球的糖煮草莓。蓋上另一半的餅殼並輕輕按壓。

將馬卡龍冷藏保存24小時。在品嚐前2小時取出。

Macaron Imagine
想像馬卡龍

這款馬卡龍結合了宇治抹茶和
黑芝麻兩種不同的微苦，徹底的日本風味。
這樣令人驚豔的味道，
在黑芝麻與爆米香的酥脆夾心內餡裡相互呼應，
並取得了完美的協調。

前一天，製作綠色的想像馬卡龍餅殼。將糖粉和杏仁粉過篩。在55克的蛋白中混入食用色素。全部倒入糖粉和杏仁粉的備料中，不要攪拌。

將礦泉水和砂糖煮沸至電子溫度計達118℃。當糖漿到達115℃時，開始將另外55克的蛋白以電動攪拌器打成蛋白霜。

將煮至118℃的糖漿淋在蛋白霜上。攪打冷卻至50℃，然後將義式蛋白霜混入糖粉、杏仁粉和蛋白的備料中，一邊拌勻，一邊爲麵糊排掉多餘空氣。全部倒入裝有11號平口擠花嘴的擠花袋中。

在鋪有烤盤紙的烤盤上，間隔2公分地擠出直徑約3.5公分的圓形麵糊。將烤盤朝鋪有廚房布巾的工作檯輕敲，讓餅狀麵糊稍微攤開。在室溫下靜置至少30分鐘，讓餅殼麵糊的表面結皮。

製作白色的想像馬卡龍餅殼。將糖粉和杏仁粉過篩。將55克的蛋白倒入糖粉和杏仁粉的備料中，不要攪拌。

將礦泉水和砂糖煮沸至電子溫度計達118℃。當糖漿到達115℃時，開始將另外55克的蛋白以電動攪拌器打成蛋白霜。

將煮至118℃的糖漿淋在蛋白霜上。攪打冷卻至50℃，然後將義式蛋白霜混入糖粉、杏仁粉和蛋白的備料中，一邊拌勻，一邊爲麵糊排掉多餘空氣。全部倒入裝有11號平口擠花嘴的擠花袋中。

在鋪有烤盤紙的烤盤上，間隔2公分地擠出直徑約3.5公分的圓形麵糊。將烤盤朝鋪有廚房布巾的工作檯輕敲，讓餅狀麵糊稍微攤開。爲餅殼撒上金色芝麻。在室溫下靜置至少30分鐘，讓餅殼麵糊的表面結皮。

約72顆馬卡龍
(約需144片餅殼)
準備：5 MIN(提前五天，見「步驟圖解」)+ 2 H 15 MIN
烹調：約20 MIN
乾燥：2次30 MIN
冷藏：30 MIN + 4 H + 24 H

○

LE BISCUIT MACARON IMAGINE VERT
綠色想像馬卡龍餅殼

150克 糖粉
150克 杏仁粉
1克 液狀橄欖綠（vert olive）食用色素
55克 + 55克 蛋白液（見「步驟圖解」）
43克 礦泉水
150克 細砂糖

○○

LE BISCUIT MACARON IMAGINE BLANC
白色想像馬卡龍餅殼

150克 糖粉
150克 杏仁粉
55克 + 55克 蛋白液（見「步驟圖解」）
38克 礦泉水
150克 細砂糖

○○○

LE CROUSTILLANT AU SÉSAME NOIR
黑芝麻酥

50克 可可脂含量35%的白巧克力（Valrhona Ivoire）
10克 可可脂（beurre de cacao）（Valrhona）
20克 奶油（Viette）
160克 黑芝麻糊（pâte de sésame noir）（Kioko Paris）
20克 杏仁帕林內果仁醬（praliné amande 60/40堅果和糖比例）（Valrhona）
20克 金色芝麻（graines de sésame doré）（Thiercelin）
60克 爆米香（riz soufflé）（Kellog's）

○○○○

LA CRÈME AU THÉ VERT MATCHA UJI
宇治抹茶內餡

250克 可可脂含量35%的白巧克力（Valrhona Ivoire）
275克 液狀法式鮮奶油（脂肪含量32至35%）
20克 宇治抹茶（thé vert Matcha Uji）

○○○○○

LA FINITION 最後加工

金色芝麻

將旋風式烤箱預熱至180℃（熱度6）。將擺有綠色和白色馬卡龍餅殼的烤盤放入烤箱。烘烤12分鐘，期間將烤箱門快速打開二次，讓濕氣散出。出爐後，將一片片的馬卡龍餅殼擺在工作檯上。

製作黑芝麻酥。用鋸齒刀將巧克力和可可脂切碎，以隔水加熱或微波的方式，將巧克力和可可脂加熱至45℃/50℃，讓巧克力和可可脂融化。混入黑芝麻糊和杏仁帕林內果仁醬中。攪拌後加入金色芝麻和爆米香，一邊輕輕地攪拌。

將黑芝麻酥倒入鋪有保鮮膜的焗烤盤中。將另一張保鮮膜緊貼在芝麻酥上。冷藏保存30分鐘。

將焗烤盤從冰箱中取出。將保鮮膜撕開，取出整片的黑芝麻酥。將黑芝麻酥，切成邊長1.5公分的塊狀。放入冷凍盒（boîte au congélateur）中備用。

製作宇治抹茶內餡。用鋸齒刀將巧克力切碎，以隔水加熱或微波的方式，將巧克力加熱至45℃/50℃，讓巧克力融化。將液狀法式鮮奶油煮沸，接著放涼至60℃，然後再混入綠茶中。快速攪打後分三次將綠茶鮮奶油倒入融化的巧克力中，並從中央開始，慢慢朝外以繞圈的方式小心地攪拌。以手持式電動攪拌棒將宇治抹茶內餡打至均勻。

將宇治抹茶內餡倒入焗烤盤中，將保鮮膜緊貼在表面。冷藏保存4小時，直內餡變得滑順。

將滑順的宇治抹茶內餡倒入裝有11號平口擠花嘴的擠花袋中。將綠色想像馬卡龍的餅殼翻面放在烤盤紙上，平坦面朝上。將宇治抹茶內餡擠在餅殼上，接著在中央輕輕插入一塊黑芝麻酥。再擠上一點抹茶內餡。蓋上白色想像馬卡龍的餅殼並輕輕按壓。

將馬卡龍冷藏保存24小時。在品嚐前2小時取出。

Macaron Indulgence

縱情馬卡龍

我熱愛新鮮豌豆，而且總是習慣用新鮮的薄荷來調味。爲了強調這款風味清新的馬卡龍，我在奶油醬中加入了薄荷酒的香氣。建議別讓薄荷葉浸泡超過10分鐘，浸泡時間過長味道會變質，失去了原本清涼的刺激感。

前一天，製作新鮮薄荷內餡。用鋸齒刀將巧克力和可可脂切碎，以隔水加熱或微波的方式，將巧克力和可可脂加熱至45℃/50℃，讓巧克力和可可脂融化。薄荷葉切碎。將液狀法式鮮奶油煮沸，離火，加入切碎的薄荷葉。加蓋，浸泡10分鐘。

過濾浸泡的鮮奶油，將薄荷葉撈出，然後切成極碎。將熱鮮奶油分三次倒入融化的巧克力和可可脂中，並從中央開始，慢慢朝外以繞圈的方式小心地攪拌。加入切碎的薄荷葉和葫蘆綠薄荷酒。以手持式電動攪拌棒將新鮮薄荷內餡打至均勻。

將新鮮薄荷內餡倒入焗烤盤中，將保鮮膜貼在表面。冷藏保存6小時。

→

約72顆馬卡龍
（約需144片餅殼）
準備：**5 MIN（提前五天，見「步驟圖解」）+ 1 H 50 MIN**
烹調：**約20 MIN**
浸泡：**10 MIN**
乾燥：**2次30 MIN**
冷藏：**6 H + 24H**

○

LA CRÈME À LA MENTHE FRAÎCHE 新鮮薄荷內餡

300克 可可脂含量35%的白巧克力（Valrhona Ivoire）
17克 可可脂（beurre de cacao）（Valrhona）
10克 新鮮薄荷葉（feuille de menthe fraîche）
300克 液狀法式鮮奶油（脂肪含量32至35%）
15克 葫蘆綠薄荷酒（Peppermint Get 27）

○○

LE BISCUIT MACARON VERT PISTACHE
開心果綠馬卡龍餅殼

150克 糖粉
150克 杏仁粉
2克 液狀開心果綠（vert pistache）食用色素
55克＋55克 蛋白液（見「步驟圖解」）
43克 礦泉水
150克 細砂糖

○○○

LE BISCUIT MACARON VERT MENTHE
薄荷綠色馬卡龍餅殼

150克 糖粉
150克 杏仁粉
2克 液狀薄荷綠（vert menthe）食用色素
55克＋55克 蛋白液（見「步驟圖解」）
38克 礦泉水
150克 細砂糖

○○○○

LES PETITS POIS SUCRE
糖煮豌豆

500克 礦泉水
250克 新鮮（或冷凍）去莢豌豆（petit pois écossé）
40克 細砂糖
1撮 細鹽

→ 製作開心果綠馬卡龍餅殼。將糖粉和杏仁粉過篩。在55克的蛋白中混入食用色素。全部倒入糖粉和杏仁粉的備料中，不要攪拌。

將礦泉水和砂糖煮沸至電子溫度計達118℃。當糖漿到達115℃時，開始將另外55克的蛋白以電動攪拌器打成蛋白霜。

將煮至118℃的糖漿淋在蛋白霜上。攪打冷卻至50℃，然後將義式蛋白霜混入糖粉、杏仁粉和蛋白的備料中，一邊拌勻，一邊爲麵糊排掉多餘空氣。全部倒入裝有11號平口擠花嘴的擠花袋中。

在鋪有烤盤紙的烤盤上，間隔2公分地擠出直徑約3.5公分的圓形麵糊。將烤盤朝鋪有廚房布巾的工作檯輕敲，讓餅狀麵糊稍微攤開。在室溫下靜置至少30分鐘，讓餅殼麵糊的表面結皮。

製作薄荷綠馬卡龍餅殼。將糖粉和杏仁粉一起過篩。在55克的蛋白中混入食用色素，倒入糖粉和杏仁粉的備料中，不要攪拌。

將礦泉水和砂糖煮沸至電子溫度計達118℃。當糖漿到達115℃時，開始將另外55克的蛋白以電動攪拌器打成蛋白霜。

將煮至118℃的糖漿淋在蛋白霜上。攪打冷卻至50℃，然後將義式蛋白霜混入糖粉、杏仁粉和蛋白的備料中，一邊拌勻，一邊爲麵糊排掉多餘空氣。全部倒入裝有11號平口擠花嘴的擠花袋中。

在鋪有烤盤紙的烤盤上，間隔2公分地擠出直徑約3.5公分的圓形麵糊。將烤盤朝鋪有廚房布巾的工作檯輕敲，讓餅狀麵糊稍微攤開。在室溫下靜置至少30分鐘，讓餅殼麵糊的表面結皮。

將旋風式烤箱預熱至180℃(熱度6)。將放有開心果綠和薄荷綠馬卡龍餅殼的烤盤放入烤箱。烘烤12分鐘，期間將烤箱門快速打開二次，讓濕氣散出。出爐後，將一片片的馬卡龍餅殼擺在工作檯上。

製作糖煮豌豆。準備一個裝滿冰塊和冷水的深缽盆(份量外)。將礦泉水、糖和鹽一起煮沸，放入豌豆，煮約4分鐘。瀝乾後立刻倒入冰水中。再度瀝乾，擺在吸水紙上晾乾。

將新鮮薄荷內餡倒入裝有11號平口擠花嘴的擠花袋中。將開心果綠馬卡龍的餅殼翻面放在烤盤紙上，平坦面朝上。將新鮮薄荷內餡擠在餅殼上，在中央擺上5顆糖煮豌豆，再擠上一點新鮮薄荷內餡。蓋上薄荷綠馬卡龍的餅殼並輕輕按壓。

將馬卡龍冷藏保存24小時。在品嚐前2小時取出。

Le travail de création est à la fois la source et le résultat de différents fantasmes.

創作既是各種奇想的來源，也是結果。

Macaron Magnifique

神來之筆馬卡龍

日本生長在土壤深處的山葵，根莖帶有甜味，
這樣的特性爲我帶來靈感。
1998年，首度嘗試用葡萄柚和山葵製作雪酪，
接著又帶入了我個人的「Émotion 情感」，
並在追求味道和樂趣「Entre之間」
將作品推向更高的境界。
這款馬卡龍更結合鮮美的草莓，
山葵形同「神來之筆」。

前一天，製作染色的杏仁粉。戴上拋棄式手套，將食用色素和杏仁粉一起搓揉，接著放入食物料理機中攪打。保存在室溫下。

製作神來之筆馬卡龍餅殼。將糖粉和杏仁粉一起過篩。將鈦白粉放入溫水中稀釋，並混入110克的蛋白中。全部倒入糖粉和杏仁粉的備料中，不要攪拌。

將礦泉水和砂糖煮沸至電子溫度計達118℃。當糖漿到達115℃時，開始將另外110克的蛋白以電動攪拌器打成蛋白霜。

將煮至118℃的糖漿淋在蛋白霜上。攪打冷卻至50℃，然後混入糖粉、杏仁粉和蛋白的備料中，一邊拌匀，一邊爲麵糊排掉多餘空氣。全部倒入裝有11號平口擠花嘴的擠花袋中。

在鋪有烤盤紙的烤盤上，間隔2公分地擠出直徑約3.5公分的圓形麵糊。將烤盤朝鋪有廚房布巾的工作檯輕敲，讓餅狀麵糊稍微攤開。撒上染色的杏仁粉。在室溫下靜置至少30分鐘，讓餅殼麵糊的表面結皮。

將旋風式烤箱預熱至180℃（熱度6）。將擺有神來之筆馬卡龍餅殼的烤盤放入烤箱。烘烤12分鐘，期間將烤箱門快速打開二次，讓濕氣散出。出爐後，將一片片的馬卡龍餅殼擺在工作檯上。

約72顆馬卡龍
（約需144片餅殼）
準備：5 MIN（提前五天，見「步驟圖解」）+ 2 H
烹調：約30 MIN
乾燥：30 MIN
冷藏：4 H + 24 H

POUDRE D'AMANDE TEINTÉE 染色杏仁粉

10克 液狀草莓紅（rouge fraise）食用色素
200克 去皮杏仁粉（poudre d'amande blanche）

LE BISCUIT MACARON MAGNIFIQUE
神來之筆馬卡龍餅殼

300克 糖粉
300克 杏仁粉
16克 鈦白粉（poudre d'oxyde de titane）+ **8克** 溫水
110克 + **110克** 蛋白液（見「步驟圖解」）
75克 礦泉水
300克 細砂糖

LA COMPOTE DE FRAISE
糖煮草莓

620克 草莓（Mara des Bois、Ciflorette或Gariguette品種）
60克 細砂糖
3.5克 洋菜（agar-agar）
30克 黃檸檬汁

LA CRÈME AU WASABI
山葵內餡

15克 新鮮山葵（wasabi frais）（Issé Workshop）
250克 可可脂含量35%的白巧克力（Valrhona Ivoire）
15克 可可脂（beurre de cacao）（Valrhona）
25克 甜柚子汁（jus de yuzu sucré）（Issé Workshop）
200克 液狀法式鮮奶油（脂肪含量32至35%）

製作糖煮草莓。仔細清洗草莓並晾乾，去掉蒂頭。用多功能研磨機磨成泥。應可獲得500克的果泥。將一半的果泥加熱。另外將細砂糖和洋菜混合，加進熱的草莓果泥中，煮沸2分鐘，並持續攪拌。一點一點地混入另一半的草莓果泥和檸檬汁，均勻後放涼。將糖煮草莓倒入裝有11號平口擠花嘴的擠花袋中。

製作山葵內餡。將山葵去皮，用山葵磨板（râpe à wasabi鯊魚皮）或Microplane刨刀將山葵磨成細泥。用鋸齒刀將巧克力和可可脂切碎，以隔水加熱或微波的方式，將巧克力和可可脂加熱至45℃/50℃，讓巧克力和可可脂融化。將柚子汁加熱至45℃。將液狀法式鮮奶油煮沸，和柚子汁分三次倒入融化的巧克力中，並從中央開始，慢慢朝外以繞圈的方式小心地攪拌。加入山葵泥，以手持式電動攪拌棒將山葵內餡打至均勻。

將山葵內餡倒入焗烤盤中，將保鮮膜緊貼在表面。冷藏保存4小時，直到山葵內餡變得滑順。

將滑順的山葵內餡倒入裝有11號平口擠花嘴的擠花袋中。將一半的餅殼翻面，平坦朝上放在一張烤盤紙上。將山葵內餡擠在餅殼上，中央再擠上一球的糖煮草莓。蓋上另一半的餅殼並輕輕按壓。

將馬卡龍冷藏保存24小時。在品嚐前2小時取出。

Macaron Yuzu

柚香馬卡龍

約72顆馬卡龍
(約需144片餅殼)
準備：5 MIN(提前五天，見「步驟圖解」) + 1 H 30 MIN
烹調：約1 H
乾燥：30 MIN
冷藏：4 H + 24 H

○

LE SUCRE CRITALLISÉ
染色結晶糖

25克 液狀檸檬黃(jaune citron)食用色素
250克 粗粒結晶糖

LE BISCUIT MACARON NATURE
原味馬卡龍餅殼

300克 糖粉
300克 杏仁粉
16克 鈦白粉(poudre d'oxyde de titane) + **8克** 溫水
110克 + **110克** 蛋白液(見「步驟圖解」)
75克 礦泉水
300克 細砂糖

LA CRÈME AU YUZU 柚香內餡

335克 可可脂含量35%的白巧克力(Valrhona Ivoire)
65克 原味柚子汁(Issé Workshop)
130克 液狀法式鮮奶油(脂肪含量32至35%)
4克 乾燥柚皮粉(poudre de zestes séchés de yuzu)(Issé Workshop)

LA GARNITURE 夾餡

430克 高知柚子醬(Nishikidori Market)

我熱愛柚子令人難以置信的香味，非常罕見而且極為珍貴。這種亞洲小柑橘，果肉帶著花香，令人同時聯想到青檸檬的果皮及黃檸檬的果汁。為了在這款馬卡龍中強調柚子的風味，我在內餡裡加入了高知柚子醬。

前一天，製作染色結晶糖。將烤箱預熱至60℃(熱度2)。戴上拋棄式手套，將食用色素和結晶糖一起搓揉。將染色糖鋪在烤盤上，放入烤箱，烘乾30分鐘。保存在室溫下。

製作原味馬卡龍餅殼。將糖粉和杏仁粉一起過篩。用溫水稀釋鈦白粉，然後混入110克的蛋白中。全部倒入糖粉和杏仁粉的備料中，不要攪拌。

將礦泉水和砂糖煮沸至電子溫度計達118℃。當糖漿到達115℃時，開始將另外110克的蛋白以電動攪拌器打成蛋白霜。

→

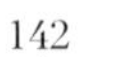

→ 將煮至118°C的糖漿淋在蛋白霜上。攪打冷卻至50°C，然後將這混合物加入糖粉和杏仁粉的備料中，一邊拌勻，一邊爲麵糊排掉多餘空氣。全部倒入裝有11號平口擠花嘴的擠花袋中。

在鋪有烤盤紙的烤盤上，間隔2公分地擠出直徑約3.5公分的圓形麵糊。將烤盤朝鋪有廚房布巾的工作檯輕敲，讓餅狀麵糊稍微攤開。撒上染色結晶糖，在室溫下靜置至少30分鐘，讓餅殼麵糊的表面結皮。

將旋風式烤箱預熱至180°C（熱度6）。將烤盤放入烤箱。烘烤12分鐘，期間將烤箱門快速打開二次，讓濕氣散出。出爐後，將一片片的馬卡龍餅殼擺在工作檯上。

製作柚香內餡。用鋸齒刀將巧克力切碎，以隔水加熱或微波的方式，將巧克力加熱至45°C/50°C，讓巧克力融化。將柚子汁加熱至50°C。將液狀法式鮮奶油和柚皮粉一起煮沸，和柚子汁一起分三次倒入融化的巧克力中，並從中央開始，慢慢朝外以繞圈的方式小心地攪拌。以手持式電動攪拌棒攪打至柚香內餡變得均勻。

將柚香內餡倒入焗烤盤中，將保鮮膜緊貼在內餡上。冷藏保存4小時，直到柚香內餡變得滑順。

將滑順的柚香內餡倒入裝有11號平口擠花嘴的擠花袋中。高知柚子醬也同樣裝入擠花袋中。將一半的餅殼翻面，平坦朝上放在一張烤盤紙上。將柚香內餡擠在餅殼上，接著在中央擠上一球的高知柚子醬。再擠上一點柚香內餡。蓋上另一半的餅殼並輕輕按壓。

將馬卡龍冷藏保存24小時。在品嚐前2小時取出。

Aucune de mes créations ne cède à la tentation de l'exploit technique et de la démonstration. Mon seul guide : le goût !!!

我沒有任何作品會向技術成就和宣傳的誘惑妥協。

我的唯一方向：美味！!!

Macaron Pomme verte à l'Angélique de montagne

青蘋歐白芷馬卡龍

歐白芷（livèche）具有濃烈的野生芹菜味，
又稱爲明日葉，或是獨活草（acha des montagnes）。
用歐白芷搭配青蘋果的酸味，將其濃郁的味道
轉化爲細緻的芳香，
令人不禁想起松果的氣味。

前一天，製作青蘋歐白芷馬卡龍餅殼。將糖粉和杏仁粉一起過篩。將食用色素混入110克的蛋白中。倒入糖粉和杏仁粉的備料中，不要攪拌。

將礦泉水和砂糖煮沸至電子溫度計達118℃。當糖漿到達115℃時，開始將另外110克的蛋白以電動攪拌器打成蛋白霜。

將煮至118℃的糖漿淋在蛋白霜上。攪打冷卻至50℃，然後將這混合物加入糖粉、杏仁粉和蛋白的備料中，一邊拌勻，一邊爲麵糊排掉多餘空氣。全部倒入裝有11號平口擠花嘴的擠花袋中。

在鋪有烤盤紙的烤盤上，間隔2公分地擠出直徑約3.5公分的圓形麵糊。將烤盤朝鋪有廚房布巾的工作檯輕敲，讓餅狀麵糊稍微攤開。撒上食用黃金亮片。在室溫下靜置至少30分鐘，讓餅殼麵糊的表面結皮。

將旋風式烤箱預熱至180℃（熱度6）。將擺有青蘋歐白芷馬卡龍餅殼的烤盤放入烤箱。烘烤12分鐘，期間將烤箱門快速打開二次，讓濕氣散出。出爐後，將一片片的馬卡龍餅殼擺在工作檯上。

製作歐白芷汁。準備一個裝滿冰塊和冷水（份量外）的深缽盆。將歐白芷葉投入一鍋沸水中。立刻撈起瀝乾，然後放入冰水中降溫後瀝乾。將礦泉水和細砂糖一起加熱至60℃。混入瀝乾的歐白芷，然後用手持式電動攪拌棒打至細碎。

約72顆馬卡龍
(約需144片餅殼)
準備:5 MIN(提前五天,見「步驟圖解」)+ 2 H 15 MIN
烹調:約30 MIN
乾燥:30 MIN
冷藏:6 H + 24 H

LE BISCUIT MACARON POMME VERTE À L'ANGÉLIQUE
青蘋歐白芷馬卡龍餅殼

300克 糖粉
300克 杏仁粉
4克 液狀開心果綠(vert pistache)食用色素
110克 + 110克 蛋白液(見「步驟圖解」)
75克 礦泉水
300克 細砂糖

LE JUS DE LIVÈCHE 歐白芷汁

20克 歐白芷葉(feuille de livéche)(明日葉或獨活草)
100克 礦泉水
16克 細砂糖

LA CRÈME POMME VERTE ET LIVÈCHE
歐白芷青蘋奶油醬

465克 可可脂含量35%的白巧克力(Valrhona Ivoire)
15克 可可脂(beurre de cacao)(Valrhona)
2顆 青蘋果(以取得185克的新鮮青蘋果泥)
35克 黃檸檬汁
80克 歐白芷汁

LES CUBES DE POMME VERTE
青蘋果丁

160克 青蘋果(Granny Smith品種)
20克 黃檸檬汁
1克 現磨砂勞越黑胡椒(Sarawak)

LA FINITION 最後加工

食用黃金亮片(paillettes d'or jaune)(PCB)

製作歐白芷青蘋內餡。將未削皮的青蘋果沖水、去籽,切成大塊後丟進蔬果榨汁機(centrifugeuse)中。榨取果肉和果汁。用鋸齒刀將巧克力和可可脂切碎,以隔水加熱或微波的方式加熱至45℃/50℃,讓巧克力和可可脂融化。將青蘋果肉和果汁連同檸檬汁一起煮沸,分三次倒入融化的巧克力中,並從中央開始,慢慢朝外以繞圈的方式小心地攪拌。再將80克的歐白芷汁加熱至40℃,加進混合物中並加以攪拌。以手持式電動攪拌棒攪打至歐白芷青蘋內餡變得均勻。

將歐白芷青蘋內餡倒入焗烤盤中,將保鮮膜緊貼在表面。冷藏保存6小時,直到歐白芷青蘋內餡變得滑順。

製作青蘋果丁。將蘋果切成4塊,接著切為5公釐的小丁。淋上檸檬汁並用現磨的砂勞越黑胡椒調味。

將歐白芷青蘋內餡倒入裝有11號平口擠花嘴的擠花袋中。將一半的餅殼翻面放在一張烤盤紙上,平坦面朝上。將歐白芷青蘋內餡擠在餅殼上。在中央輕輕插入三塊青蘋果丁,再擠上一點歐白芷青蘋奶油醬。蓋上另一半的餅殼並輕輕按壓。

將馬卡龍冷藏保存24小時。在品嚐前2小時取出。

約72顆馬卡龍
(約需144片餅殼)
準備：5 MIN(提前五天，見「步驟圖解」) + 30 MIN(前二天) + 1 H 30 MIN
烹調：1 H 40 MIN(前二天) + 約25 MIN
浸泡：3 MIN
浸漬時間：24 H
乾燥：30 MIN
冷藏：2 H + 2次24 H

Macaron Yasamine

茉莉馬卡龍

LES PAMPLEMOUSSES CONFITS 糖漬葡萄柚

2顆 未經加工處理的葡萄柚
10粒 研磨罐裝砂勞越黑胡椒
1公升 礦泉水
500克 細砂糖
4大匙 黃檸檬汁
1顆 八角
1根 香草莢

LE BISCUIT MACARON YASAMINE 茉莉馬卡龍餅殼

300克 糖粉
300克 杏仁粉
16克 鈦白粉(poudre d'oxyde de titane) + 8克 溫水
110克 + 110克 蛋白液(見「步驟圖解」)
75克 礦泉水
300克 細砂糖

LA CRÈME AU JASMIN ET AU PAMPLEMOUSSE 茉莉葡萄柚內餡

60克 糖漬葡萄柚(pamplemousse confit)
250克 可可脂含量35%的白巧克力(Valrhona Ivoire)
275克 液狀法式鮮奶油(脂肪含量32至35%)
20克 茉莉龍珠茶(thé de Chine La Perle de Jade)(Cannon)

LA COMPOTE DE MANGUE 糖煮芒果

20克 細砂糖
5克 洋菜(agar-agar)
390克 芒果泥(purée de mangue)
40克 黃檸檬汁

POUR LA FINITION ET LE GARNISSAGE 最後加工與修飾

可可脂金碎片(Éclat d'or)(Valrhona)或加沃特薄酥餅(Gavotte)
食用銀粉(poudre d'argent alimentaire)(PCB)

柔軟、香甜，並帶點酸的芒果，混合帶著香甜的茉莉花，顯然是東方的底蘊。茉莉與糖漬葡萄柚的徹底結合，並因茉莉花茶的微苦而變得更豐富。

前二天，製作糖漬葡萄柚。清洗葡萄柚並晾乾。將兩端切去。用刀從頂部往底部縱削，將葡萄柚的果皮大片地削下，不削到果肉。

將削下的葡萄柚皮放入裝有沸水(份量外)的平底深鍋中。當水再度煮沸，續滾2分鐘後將果皮瀝乾。放入冷水中冰鎮。再重複同樣煮沸、續滾、冰鎮的步驟二次。將葡萄柚皮瀝乾。

將砂勞越黑胡椒磨碎，和水、細砂糖、黃檸檬汁、八角和剖成兩半並去籽的香草莢一起放入平底深鍋中，以文火煮沸。加入葡萄柚皮。將平底深鍋的鍋蓋蓋上3/4。以文火微滾煮1小時30分鐘。

→ 將果皮和糖漿倒入深缽盆中，放涼。加蓋並冷藏浸漬至隔天。

前一天，將糖漬葡萄柚放在置於深缽盆上的網篩中瀝乾。然後切成3公釐的小丁。

製作茉莉馬卡龍餅殼。將可可脂金碎片或加沃特薄酥餅和食用銀粉混合，預留備用。將糖粉和杏仁粉過篩。用溫水稀釋鈦白粉，然後倒入110克的蛋白中，再倒入糖粉和杏仁粉的備料中，不要攪拌。

將礦泉水和砂糖煮沸至電子溫度計達118℃。當糖漿到達115℃時，開始將另外110克的蛋白以電動攪拌器打成蛋白霜。

將煮至118℃的糖漿淋在蛋白霜上。攪打冷卻至50℃，然後混入糖粉、杏仁粉和蛋白的備料中，一邊拌勻，一邊爲麵糊排掉多餘空氣。全部倒入裝有11號平口擠花嘴的擠花袋中。

在鋪有烤盤紙的烤盤上，間隔2公分地擠出直徑約3.5公分的圓形麵糊。將烤盤朝鋪有廚房布巾的工作檯輕敲，讓餅狀麵糊稍微攤開，撒上混有食用銀粉的可可脂金碎片或加沃特薄酥餅。在室溫下靜置至少30分鐘，讓餅殼麵糊的表面結皮。

將旋風式烤箱預熱至180℃（熱度6）。將放有茉莉馬卡龍餅殼的烤盤放入烤箱。烘烤12分鐘，期間將烤箱門快速打開二次，讓濕氣散出。出爐後，將一片片的馬卡龍餅殼擺在工作檯上。

製作茉莉葡萄柚內餡。將前一天製作的60克糖漬葡萄柚切碎備用。用鋸齒刀將巧克力切碎，以隔水加熱或微波的方式，將巧克力加熱至45℃/50℃，讓巧克力融化。將液狀法式鮮奶油加熱至75℃。加入茉莉龍珠茶，浸泡3分鐘，請勿超過時間。

用網篩過濾鮮奶油，接著分三次倒入融化的巧克力中，並從中央開始，慢慢朝外以繞圈的方式小心地攪拌。以手持式電動攪拌棒攪打至甘那許變得均勻。加入切碎的糖漬葡萄柚並加以攪拌。

將茉莉葡萄柚內餡倒入焗烤盤中，將保鮮膜緊貼在表面。冷藏保存2小時，直到茉莉葡萄柚內餡變得滑順。

製作糖煮芒果。混合砂糖和洋菜，加入芒果泥和檸檬汁，接著煮沸並持續攪拌。續煮1分鐘，離火後放涼。

將滑順的茉莉葡萄柚內餡倒入裝有11號平口擠花嘴的擠花袋中。糖煮芒果也同樣裝入另一個擠花袋中。將一半的餅殼翻面在一張烤盤紙上，平坦面朝上。將茉莉葡萄柚內餡擠在餅殼上，接著在中央擠上一球糖煮芒果，再擠上一點茉莉葡萄柚內餡。蓋上另一半的餅殼並輕輕按壓。

將馬卡龍冷藏保存24小時。在品嚐前2小時取出。

Macaron Réglisse Violette

紫羅蘭甘草馬卡龍

約72顆馬卡龍
（約需144片餅殼）
準備：5 MIN（提前五天，見「步驟圖解」） + 1 H 30 MIN
烹調：約30 MIN
乾燥：2次30 MIN
冷藏：2 H + 24 H

○

LE BISCUIT MACARON NOIR
黑馬卡龍餅殼

150克 糖粉
150克 杏仁粉
10克 液狀碳黑（noir charbon）食用色素
55克 + 55克 蛋白液（見「步驟圖解」）
43克 礦泉水
150克 細砂糖

○○

LE BISCUIT MACARON CASSIS
醋栗馬卡龍餅殼

2克 液狀紫羅蘭黑（noir violet）食用色素
150克 糖粉
150克 杏仁粉
55克 + 55克 蛋白液（見「步驟圖解」）
38克 礦泉水
150克 細砂糖

○○○

LA CRÈME VIOLETTE RÉGLISSE
紫羅蘭甘草內餡

525克 可可脂含量35%的白巧克力（Valrhona Ivoire）
450克 液狀法式鮮奶油（脂肪含量32至35%）
10滴 紫羅蘭食用香精（arôme de violette）（法國於藥房；台灣於食品材料行購買）
5克 甘草粉（poudre réglisse）（meilleurduchef.com）

我鮮少使用甘草，因爲它很難駕馭。然而我卻記得家庭式麵包店裡所販售的紫羅蘭口味Zan牌甘草糖。這令人愉悅的組合，讓我想在這款馬卡龍中結合甘草與紫羅蘭。

前一天，製作黑馬卡龍餅殼。將糖粉和杏仁粉過篩。在55克的蛋白中混入食用色素。全部倒入糖粉和杏仁粉的備料中，不要攪拌。

將礦泉水和砂糖煮沸至電子溫度計達118℃。當糖漿到達115℃時，開始將另外55克的蛋白以電動攪拌器打成蛋白霜。

→ 將煮至118℃的糖漿淋在蛋白霜上。攪打冷卻至50℃，然後混入糖粉、杏仁粉和蛋白的備料中，一邊拌勻，一邊爲麵糊排掉多餘空氣。全部倒入裝有11號平口擠花嘴的擠花袋中。

在鋪有烤盤紙的烤盤上，間隔2公分地擠出直徑約3.5公分的圓形麵糊。將烤盤朝鋪有廚房布巾的工作檯輕敲，讓餅狀麵糊稍微攤開。在室溫下靜置至少30分鐘，讓餅殼麵糊的表面結皮。

製作醋栗馬卡龍餅殼。將糖粉和杏仁粉過篩。在55克的蛋白中混入食用色素。全部倒入糖粉和杏仁粉的備料中，不要攪拌。

將礦泉水和砂糖煮沸至電子溫度計達118℃。當糖漿到達115℃時，開始將另外55克的蛋白以電動攪拌器打成蛋白霜。

將煮至118℃的糖漿淋在蛋白霜上。攪打冷卻至50℃，然後混入糖粉、杏仁粉和蛋白的備料中，一邊拌勻，一邊爲麵糊排掉多餘空氣。全部倒入裝有11號平口擠花嘴的擠花袋中。

在鋪有烤盤紙的烤盤上，間隔2公分地擠出直徑約3.5公分的圓形麵糊。將烤盤朝鋪有廚房布巾的工作檯輕敲，讓餅狀麵糊稍微攤開。在室溫下靜置至少30分鐘，讓餅殼麵糊的表面結皮。

將旋風式烤箱預熱至180℃(熱度6)。將擺有黑馬卡龍餅殼和醋栗馬卡龍餅殼的烤盤放入烤箱。烘烤12分鐘，期間將烤箱門快速打開二次，讓濕氣散出。出爐後，將一片片的馬卡龍餅殼擺在工作檯上。

製作紫羅蘭甘草內餡。用鋸齒刀將巧克力切碎，以隔水加熱或微波的方式，將巧克力加熱至45℃/50℃，讓巧克力融化。將液狀法式鮮奶油煮沸。分三次倒入融化的巧克力中，並從中央開始，慢慢朝外以繞圈的方式小心地攪拌。混入紫羅蘭香精和甘草粉。以手持式電動攪拌棒將內餡打至均勻。

將紫羅蘭甘草內餡倒入焗烤盤中，將保鮮膜緊貼在表面。冷藏保存2小時，直到紫羅蘭甘草內餡變得滑順。

將滑順的紫羅蘭甘草內餡倒入裝有11號平口擠花嘴的擠花袋中。將黑馬卡龍的餅殼翻面在一張烤盤紙上，平坦面朝上。將紫羅蘭甘草內餡擠在餅殼上，蓋上醋栗馬卡龍餅殼並輕輕按壓。

將馬卡龍冷藏保存24小時。在品嚐前2小時取出。

Macaron au Citron caviar

魚子檸檬馬卡龍

約72顆馬卡龍
(約需144片餅殼)
準備：5 MIN(提前五天，見「步驟圖解」) + 1 H 30 MIN
烹調：約25 MIN
乾燥： 30 MIN
冷藏：4 H + 2 次 24 H

○

LE BISCUIT MACARON AU CITRON CAVIAR
魚子檸檬馬卡龍餅殼

300克 糖粉
300克 杏仁粉
6克 液狀檸檬黃 (jaune citron) 食用色素
110克 + 110克 蛋白液 (見「步驟圖解」)
75克 礦泉水
300克 細砂糖

○○

LA CRÈME YUZU ET CITRON
柚子檸檬內餡

500克 可可脂含量35%的白巧克力 (Valrhona Ivoire)
200克 原味柚子汁 (Issé Workshop)
200克 液狀法式鮮奶油 (脂肪含量32至35%)
6克 黃檸檬皮

○○○

LA GELÉE AU CITRON CAVIAR
魚子檸檬果凝

300克 魚子檸檬/手指香檬 (citron caviar) (以取得**100克**的果肉)
10克 細砂糖
2克 洋菜 (agar-agar)
125克 礦泉水

這種奇特而罕見的小小柑橘類水果，之所以受到最偉大主廚們的青睞，是因爲它半透明小珠的驚人質地，會在口中爆裂開來，並釋放出強烈的檸檬滋味。我在這款馬卡龍中夾入由這些驚人小珠的果凝，所製成的柚子檸檬內餡。

前一天，製作魚子檸檬馬卡龍餅殼。將糖粉和杏仁粉過篩。在110克的蛋白中混入食用色素。全部倒入糖粉和杏仁粉的備料中，不要攪拌。

將礦泉水和砂糖煮沸至電子溫度計達118℃。當糖漿到達115℃時，開始將另外110克的蛋白以電動攪拌器打成蛋白霜。

將煮至118℃的糖漿淋在蛋白霜上。攪打冷卻至50℃，然後混入糖粉、杏仁粉和蛋白的備料中，一邊拌匀，一邊爲麵糊排掉多餘空氣。全部倒入裝有11號平口擠花嘴的擠花袋中。

在鋪有烤盤紙的烤盤上，間隔2公分地擠出直徑約3.5公分的圓形麵糊。將烤盤朝鋪有廚房布巾的工作檯輕敲，讓餅狀麵糊稍微攤開。在室溫下靜置至少30分鐘，讓餅殼麵糊的表面結皮。

將旋風式烤箱預熱至180℃(熱度6)。將放有魚子檸檬馬卡龍餅殼的烤盤放入烤箱。烘烤12分鐘，期間將烤箱門快速打開二次，讓濕氣散出。出爐後，將一片片的馬卡龍餅殼擺在工作檯上。

製作柚子檸檬內餡。用鋸齒刀將巧克力切碎，以隔水加熱或微波的方式，將巧克力加熱至45℃/50℃，讓巧克力融化。將柚子汁加熱至50℃。將液狀法式鮮奶油和檸檬皮一起煮沸。將熱鮮奶油和柚子汁分三次倒入融化的巧克力中，並從中央開始，慢慢朝外以繞圈的方式小心地攪拌。以手持式電動攪拌棒將柚子檸檬內餡打至均匀。

將柚子檸檬內餡倒入焗烤盤中，將保鮮膜緊貼在表面。冷藏保存4小時，直到柚子檸檬內餡變得滑順。

製作魚子檸檬果凝。將魚子檸檬切成兩半，接著取下如同魚子般的果肉。將果肉預留備用。在平底深鍋中混合細砂糖和洋菜，倒入礦泉水煮沸並持續攪拌。離火後放涼5分鐘，加入檸檬果肉並加以攪拌，倒入裝有11號平口擠花嘴的擠花袋中。

將滑順的柚子檸檬內餡倒入裝有11號平口擠花嘴的擠花袋中。將一半的餅殼翻面，平坦朝上放在一張烤盤紙上。將柚子檸檬內餡擠在餅殼上，接著在中央擠上一球的魚子檸檬果凝。再擠上一點柚子檸檬內餡。蓋上另一半的餅殼並輕輕按壓。

將馬卡龍冷藏保存24小時。在品嚐前2小時取出。

LES « VELOUTÉS »

「絲絨」系列

約72顆馬卡龍
（約需144片餅殼）
準備：5 MIN（提前五天，見「步驟圖解」）+ 1 H 50 MIN
烹調：2 H + 30 MIN
乾燥：2次30 MIN
冷藏：4 H + 24 H

LA GARNITURE 夾餡

400克 罐裝糖漿荔枝（letchis au sirop），即**200克** 瀝乾或新鮮荔枝
200克 新鮮覆盆子（framboise fraîche），或**40克** 覆盆子乾（framboise séchée）

LE BISCUIT MACARON BLANC
白色馬卡龍餅殼

150克 糖粉
150克 杏仁粉
8克 鈦白粉（poudre d'oxyde de titane）+ **4克** 礦泉水
55克 + 55克 蛋白液（見「步驟圖解」）
38克 礦泉水
150克 細砂糖

LE BISCUIT MACARON ROSE
玫瑰馬卡龍餅殼

150克 糖粉
150克 杏仁粉
1.5克 液狀胭脂紅（rouge carmin）食用色素
55克 + 55克 蛋白液（見「步驟圖解」）
38克 礦泉水
150克 細砂糖

LA GANACHE AU YAOURT À LA ROSE
玫瑰優格甘那許

400克 可可脂含量35%的白巧克力（Valrhona Ivoire）
350克 原味發酵優格（yaourt brassé nature）
105克 地中海酸優格粉（poudre de yaourt acide méditerranéen）（Sosa）
25克 奶粉
5克 濃縮玫瑰香露（extrait alcoolique de rose）

LA FINITION 最後加工

寶石紅食用色粉（poudre alimentaire rouge rubis）（PCB）

Macaron Velouté Ispahan

伊斯巴翁絲絨馬卡龍

Ispahan伊斯巴翁是皮耶·艾曼糕點店裡的超人氣口味。伊斯巴翁絲絨馬卡龍是一趟感官之旅，果香和花香的爆炸性三重奏：玫瑰怡人的花香，混合著荔枝果肉的香甜，帶著覆盆子的酸味，和優格的乳香形成了和諧的風味。

前一天，將烤箱預熱至90°C（熱度3）。將荔枝切塊擺在吸水紙上。在鋪有烤盤紙的烤盤上平鋪覆盆子；在另一個烤盤上鋪上荔枝。將兩個烤盤放入烤箱，每隔30分鐘翻面，共烘乾2小時。放涼。

製作白色馬卡龍餅殼。將糖粉和杏仁粉過篩。用溫水稀釋鈦白粉，然後倒入55克的蛋白中，再全部倒入糖粉和杏仁粉的備料中，不要攪拌。

將礦泉水和砂糖煮沸至電子溫度計達118°C。當糖漿到達115°C時，開始將另外55克的蛋白以電動攪拌器打成蛋白霜。

將煮至118°C的糖漿淋在蛋白霜上。攪打冷卻至50°C，然後將義式蛋白霜混入糖粉、杏仁粉和蛋白的備料中，一邊拌勻，一邊爲麵糊排掉多餘空氣。全部倒入裝有11號平口擠花嘴的擠花袋中。

在鋪有烤盤紙的烤盤上，間隔2公分地擠出直徑約3.5公分的圓形麵糊。將烤盤朝鋪有廚房布巾的工作檯輕敲，讓餅狀麵糊稍微攤開。在室溫下靜置至少30分鐘，讓餅殼麵糊的表面結皮。

→ 製作玫瑰馬卡龍餅殼。將糖粉和杏仁粉過篩。在55克的蛋白中混入食用色素。全部倒入糖粉和杏仁粉的備料中，不要攪拌。

將礦泉水和砂糖煮沸至電子溫度計達118℃。當糖漿到達115℃時，開始將另外55克的蛋白以電動攪拌器打成蛋白霜。

將煮至118℃的糖漿淋在蛋白霜上。攪打冷卻至50℃，然後混入糖粉、杏仁粉和蛋白的備料中，一邊拌勻，一邊爲麵糊排掉多餘空氣。全部倒入裝有11號平口擠花嘴的擠花袋中。

在鋪有烤盤紙的烤盤上，間隔2公分地擠出直徑約3.5公分的圓形麵糊。用小型的茶濾網以極輕地力道，爲餅殼撒上寶石紅食用色粉。將烤盤朝鋪有廚房布巾的工作檯輕敲，讓餅狀麵糊稍微攤開。在室溫下靜置至少30分鐘，讓餅殼麵糊的表面結皮。

將旋風式烤箱預熱至180℃（熱度6）。將擺有白色馬卡龍餅殼和玫瑰馬卡龍餅殼的烤盤放入烤箱。烘烤12分鐘，期間將烤箱門快速打開二次，讓濕氣散出。出爐後，將一片片的馬卡龍餅殼擺在工作檯上。

製作玫瑰優格甘那許。用鋸齒刀將巧克力切碎，以隔水加熱或微波的方式，將巧克力加熱至45℃/50℃，讓巧克力融化。在平底深鍋中將優格、優格粉和奶粉加熱至60℃，一邊攪拌。分三次倒入融化的巧克力中，並從中央開始，慢慢朝外以繞圈的方式小心地攪拌。加入濃縮玫瑰香露，再以手持式電動攪拌棒將甘那許打至均勻。

將玫瑰優格甘那許倒入焗烤盤中，將保鮮膜緊貼在甘那許的表面。冷藏保存4小時，直到甘那許變爲乳霜狀。

將乳霜狀的玫瑰優格甘那許放入裝有11號平口擠花嘴的擠花袋中。將白色馬卡龍的餅殼翻面在烤盤紙上，平坦面朝上。將甘那許擠在餅殼上，在中央輕輕插入一塊烘乾的覆盆子和一塊烘乾的荔枝。再擠上一點玫瑰優格甘那許。蓋上玫瑰馬卡龍的餅殼並輕輕按壓。

將馬卡龍冷藏保存24小時。在品嚐前2小時取出。

Macaron Velouté banane

香蕉絲絨馬卡龍

我非常喜愛各種優格的乳香滋味與絲滑質地，
脂肪含量0%的除外...
我希望能讓馬卡龍的內餡，
在精心調配下，
讓滑順香濃的優格與夾在中央的半乾燥香蕉丁，
組合出酸味和濃醇的完美平衡。

前一天，製作半乾燥香蕉。將烤箱預熱至80°C（熱度2/3）。

將香蕉剝皮。縱切成兩半，淋上檸檬汁，擺在烤盤上入烤箱，烘烤約2小時，烘至半乾。香蕉必須是半乾狀態，放涼後切成3至4公釐的小塊。保存在室溫下。

製作白色馬卡龍餅殼。將糖粉和杏仁粉過篩。用溫水稀釋鈦白粉，然後倒入55克的蛋白中，再全部倒入糖粉和杏仁粉的備料中，不要攪拌。

將礦泉水和砂糖煮沸至電子溫度計達118°C。當糖漿到達115°C時，開始將另外55克的蛋白以電動攪拌器打成蛋白霜。

將煮至118°C的糖漿淋在蛋白霜上。攪打冷卻至50°C，然後混入糖粉、杏仁粉和蛋白的備料中，一邊拌勻，一邊爲麵糊排掉多餘空氣。全部倒入裝有11號平口擠花嘴的擠花袋中。

在鋪有烤盤紙的烤盤上，間隔2公分地擠出直徑約3.5公分的圓形麵糊。將烤盤朝鋪有廚房布巾的工作檯輕敲，讓餅狀麵糊稍微攤開。在室溫下靜置至少30分鐘，讓餅殼麵糊的表面結皮。

約72顆馬卡龍
（約需144片餅殼）
準備：5 MIN（提前五天，見「步驟圖解」）+ 1 H 50 MIN
烹調：約2 H + 20 MIN
乾燥：2次30 MIN
冷藏：4 H + 24 H

○

LES BANANES MI-SÉCHÉES
半乾香蕉

4根 熟香蕉（banane mûre）
20克 黃檸檬汁

○○

LE BISCUIT MACARON BLANC
白色馬卡龍餅殼

150克 糖粉
150克 杏仁粉
8克 鈦白粉（poudre d'oxyde de titane）+ **4克** 溫水
55克 + **55克** 蛋白液（見「步驟圖解」）
43克 礦泉水
150克 細砂糖

○○○

LE BISCUIT MACARON BANANE
香蕉馬卡龍餅殼

5克 液狀檸檬黃（jaune citron）食用色素
1.5克 液狀胭脂紅（rouge carmin）食用色素
150克 糖粉
150克 杏仁粉
55克 + **55克** 蛋白液（見「步驟圖解」）
38克 礦泉水
150克 細砂糖

○○○○

LA GANACHE AU YAOURT
優格甘那許

400克 可可脂含量35%的白巧克力（Valrhona Ivoire）
350克 原味發酵優格
105克 地中海酸優格粉（Sosa）
25克 奶粉

○○○○○

LA FINITION **最後加工**

可可粉（Valrhona）

製作香蕉馬卡龍餅殼。將糖粉和杏仁粉過篩。在55克的蛋白中混入食用色素。全部倒入糖粉和杏仁粉的備料中，不要攪拌。

將礦泉水和砂糖煮沸至電子溫度計達118℃。當糖漿到達115℃時，開始將另外55克的蛋白以電動攪拌器打成蛋白霜。

將煮至118℃的糖漿淋在蛋白霜上。攪打冷卻至50℃，然後混入糖粉、杏仁粉和蛋白的備料中，一邊拌勻，一邊爲麵糊排掉多餘空氣。全部倒入裝有11號平口擠花嘴的擠花袋中。

在鋪有烤盤紙的烤盤上，間隔2公分地擠出直徑約3.5公分的圓形麵糊。將烤盤朝鋪有廚房布巾的工作檯輕敲，讓餅狀麵糊稍微攤開。在麵糊上撒上可可粉。在室溫下靜置至少30分鐘，讓餅殼麵糊的表面結皮。

將旋風式烤箱預熱至180℃（熱度6）。將擺有白色馬卡龍和香蕉馬卡龍餅殼的烤盤放入烤箱。烘烤12分鐘，期間將烤箱門快速打開二次，讓濕氣散出。出爐後，將一片片的馬卡龍餅殼擺在工作檯上。

製作優格甘那許。用鋸齒刀將巧克力切碎，以隔水加熱或微波的方式，將巧克力加熱至45℃/50℃，讓巧克力融化。在平底深鍋中將原味發酵優格、優格粉和奶粉加熱至60℃，一邊攪拌。分三次倒入融化的巧克力中，並從中央開始，慢慢朝外以繞圈的方式小心地攪拌。以手持式電動攪拌棒將甘那許打至均勻。

將優格甘那許倒入焗烤盤中，將保鮮膜緊貼在甘那許的表面。冷藏保存4小時，直到甘那許變爲乳霜狀。

將乳霜狀的優格甘那許放入裝有11號平口擠花嘴的擠花袋中。將白色馬卡龍的餅殼翻面放在烤盤紙上。將優格甘那許擠在餅殼上，接著在中央放上三至四塊的半乾燥香蕉。再擠上一點優格甘那許，蓋上香蕉馬卡龍的餅殼並輕輕按壓。

將馬卡龍冷藏保存24小時。在品嚐前2小時取出。

Macaron Velouté pamplemousse

葡萄柚絲絨馬卡龍

*我在這帶有葡萄柚皮芳香的滑順優格內餡中，
加入了微苦而細緻的糖漬葡萄柚泥，
並以添加八角、香草和
砂勞越黑胡椒的糖漿浸泡。*

前二天，製作糖漬葡萄柚。清洗葡萄柚並晾乾。將兩端切去。用刀從頂部往底部縱削，將葡萄柚的果皮大片地削下，不削到果肉。

將削下的葡萄柚皮放入裝有沸水（份量外）的平底深鍋中。當水再度煮沸，續滾2分鐘後將果皮瀝乾。放入冷水中冰鎮。再重複同樣煮沸、續滾、冰鎮的步驟二次。將葡萄柚皮瀝乾。

將砂勞越黑胡椒磨碎，和水、細砂糖、黃檸檬汁、八角和剖成兩半並去籽的香草莢一起放入平底深鍋中，以文火煮沸。加入葡萄柚皮。將平底深鍋的鍋蓋蓋上3/4。以文火微滾煮1小時30分鐘。

將果皮和糖漿倒入深缽盆中，放涼。加蓋並冷藏浸漬至隔天。

前一天，將糖漬葡萄柚置於放在深缽盆上的網篩中瀝乾1小時。用手持電動攪拌棒打成泥。冷藏保存

製作白色馬卡龍餅殼。將糖粉和杏仁粉過篩。用溫水稀釋鈦白粉，然後倒入55克的蛋白中，再全部倒入糖粉和杏仁粉的備料中，不要攪拌。

將礦泉水和砂糖煮沸至電子溫度計達118℃。當糖漿到達115℃時，開始將另外55克的蛋白以電動攪拌器打成蛋白霜。

將煮至118℃的糖漿淋在蛋白霜上。攪打冷卻至50℃，然後混入糖粉、杏仁粉和蛋白的備料中，一邊拌勻，一邊爲麵糊排掉多餘空氣。全部倒入裝有11號平口擠花嘴的擠花袋中。

在鋪有烤盤紙的烤盤上，間隔2公分地擠出直徑約3.5公分的圓形麵糊。將烤盤朝鋪有廚房布巾的工作檯輕敲，讓餅狀麵糊稍微攤開。在室溫下靜置至少30分鐘，讓餅殼麵糊的表面結皮。

製作葡萄柚馬卡龍餅殼。將糖粉和杏仁粉過篩。在55克的蛋白中混入食用色素。全部倒入糖粉和杏仁粉的備料中，不要攪拌。

將礦泉水和砂糖煮沸至電子溫度計達118℃。當糖漿到達115℃時，開始將另外55克的蛋白以電動攪拌器打成蛋白霜。

將煮至118℃的糖漿淋在蛋白霜上。攪打冷卻至50℃，然後混入糖粉、杏仁粉和蛋白的備料中，一邊拌勻，一邊爲麵糊排掉多餘空氣。全部倒入裝有11號平口擠花嘴的擠花袋中。

在鋪有烤盤紙的烤盤上，間隔2公分地擠出直徑約3.5公分的圓形麵糊。將烤盤朝鋪有廚房布巾的工作檯輕敲，讓餅狀麵糊稍微攤開。在室溫下靜置至少30分鐘，讓餅殼麵糊的表面結皮。

將旋風式烤箱預熱至180℃（熱度6）。將擺有白色馬卡龍餅殼和葡萄柚馬卡龍餅殼的烤盤放入烤箱。烘烤12分鐘，期間將烤箱門快速打開二次，讓濕氣散出。出爐後，將一片片的馬卡龍餅殼擺在工作檯上。

製作葡萄柚優格甘那許。用鋸齒刀將巧克力切碎，以隔水加熱或微波的方式，將巧克力加熱至45℃/50℃，讓巧克力融化。清洗葡萄柚並晾乾。用Microplane刨刀刨下葡萄柚果皮。在平底深鍋中將優格、葡萄柚皮、優格粉和奶粉加熱至60℃，一邊攪拌。分三次倒入融化的巧克力中，並從中央開始，慢慢朝外以繞圈的方式小心地攪拌。以手持式電動攪拌棒將甘那許打至均勻。

將葡萄柚優格甘那許倒入焗烤盤中，將保鮮膜緊貼在甘那許的表面。冷藏保存4小時，直到甘那許變爲乳霜狀。

將乳霜狀的葡萄柚優格甘那許放入裝有11號平口擠花嘴的擠花袋中，糖漬葡萄柚泥也同樣裝入另一個擠花袋中。將白色馬卡龍的餅殼翻面放在烤盤紙上。將葡萄柚優格甘那許擠在餅殼上，接著在中央擠上一球的糖漬葡萄柚泥。再擠上一點葡萄柚優格甘那許。蓋上葡萄柚馬卡龍的餅殼並輕輕按壓。

將馬卡龍冷藏保存24小時。在品嚐前2小時取出。

約72顆馬卡龍
（約需144片餅殼）
準備：5 MIN（提前五天，見「步驟圖解」）+ 20 MIN（前二天）+ 1 H 30 MIN
烹調：1 H 40 MIN（前二天）+
約 20 MIN
浸漬時間：24 H
乾燥：2次30 MIN
冷藏：4 H + 2次24 H

LES PAMPLEMOUSSES CONFITS
糖漬葡萄柚

2顆 未經加工處理的葡萄柚
10粒 研磨罐裝砂勞越黑胡椒
1公升 礦泉水
500克 細砂糖
4大匙 黃檸檬汁
1顆 八角
1根 香草莢

LE BISCUIT MACARON BLANC
白色馬卡龍餅殼

150克 糖粉
150克 杏仁粉
8克 鈦白粉（poudre d'oxyde de titane）+ **4克** 溫水
55克 + **55克** 蛋白液（見「步驟圖解」）
43克 礦泉水
150克 細砂糖

LE BISCUIT MACARON PAMPLEMOUSSE
葡萄柚馬卡龍餅殼

2.5克 液狀檸檬黃（jaune citron）食用色素
1.5克 液狀草莓紅（rouge fraise）食用色素
1.5克 液狀胭脂紅（rouge carmin）食用色素
150克 糖粉
150克 杏仁粉
55克 + **55克** 蛋白液（見「步驟圖解」）
38克 礦泉水
150克 細砂糖

LA GANACHE AU YAOURT PAMPLEMOUSSE
葡萄柚優格甘那許

400克 可可脂含量35%的白巧克力（Valrhona Ivoire）
10克 粉紅葡萄柚皮
350克 原味發酵優格
105克 地中海酸優格粉（Sosa）
25克 奶粉

約72顆馬卡龍
（約需144片餅殼）
準備：5 MIN（提前五天，見「步驟圖解」）+ 20 MIN（前二天）+ 1 H 30 MIN
烹調：2 H 15 MIN（前二天）+ 約20 MIN
浸漬時間：24 H
乾燥：2次30 MIN
冷藏：4 H + 2次24 H

LES MANDARINES SEMI-CONFITES MAISON
手工半糖漬柑橘

10顆 西西里柑橘（mandarine de Sicile）（La Tête dans les olives）
1公斤 礦泉水
500克 細砂糖

LE BISCUIT MACARON BLANC
白色馬卡龍餅殼

150克 糖粉
150克 杏仁粉
8克 鈦白粉（poudre d'oxyde de titane）+ 4克 溫水
55克 + 55克 蛋白液（見「步驟圖解」）
43克 礦泉水
150克 細砂糖

LE BISCUIT MACARON MANDARINE
柑橘馬卡龍餅殼

150克 糖粉
150克 杏仁粉
約3.5克 液狀檸檬黃（jaune citron）食用色素
約1克 液狀草莓紅（rouge fraise）食用色素
55克 + 55克 蛋白液（見「步驟圖解」）
38克 礦泉水
150克 細砂糖

LA GANACHE AU YAOURT MANDARINE
柑橘優格甘那許

400克 可可脂含量35%的白巧克力（Valrhona Ivoire）
12克 新鮮柑橘皮（La Tête dans les olives）
350克 原味發酵優格
105克 地中海酸優格粉（poudre de yaourt acide méditerranéen）（Sosa）
25克 奶粉

Macaron Velouté mandarine

柑橘絲絨馬卡龍

我最愛的柑橘來自西西里島。而最能展現出柑橘類水果，經日曬熟成的強烈芳香部位，就在於果皮。

前二天，製作半糖漬柑橘。將柑橘的兩端切去，柑橘縱切成兩半。將柑橘連續三次浸入沸水（份量外）中20秒，接著再將柑橘煮沸2分鐘，用冷水沖洗。再以同樣方式進行此程序二次。再瀝乾。將礦泉水和細砂糖煮沸，加入柑橘加蓋，微滾2小時，再浸漬至隔天。

前一天，將浸漬的柑橘瀝乾1小時，接著切成5公釐的小丁。冷藏保存。

製作白色馬卡龍餅殼。將糖粉和杏仁粉過篩。用溫水稀釋鈦白粉，然後倒入55克的蛋白中，再全部倒入糖粉和杏仁粉的備料中，不要攪拌。

將礦泉水和砂糖煮沸至電子溫度計達118℃。當糖漿到達115℃時，開始將另外55克的蛋白以電動攪拌器打成蛋白霜。

將煮至118℃的糖漿淋在蛋白霜上。攪打冷卻至50℃，然後混入糖粉、杏仁粉和蛋白的備料中，一邊拌匀，一邊爲麵糊排掉多餘空氣。全部倒入裝有11號平口擠花嘴的擠花袋中。

在鋪有烤盤紙的烤盤上，間隔2公分地擠出直徑約3.5公分的圓形麵糊。將烤盤朝鋪有廚房布巾的工作檯輕敲，讓餅狀麵糊稍微攤開。在室溫下靜置至少30分鐘，讓餅殼麵糊的表面結皮。

製作柑橘馬卡龍餅殼。將糖粉和杏仁粉過篩。在55克的蛋白中混入食用色素。全部倒入糖粉和杏仁粉的備料中，不要攪拌。將礦泉水和砂糖煮沸至電子溫度計達118℃。當糖漿到達115℃時，開始將另外55克的蛋白以電動攪拌器打成蛋白霜。

將煮至118℃的糖漿淋在蛋白霜上。攪打冷卻至50℃，然後混入糖粉、杏仁粉和蛋白的備料中，一邊拌匀，一邊爲麵糊排掉多餘空氣。全部倒入裝有11號平口擠花嘴的擠花袋中。

在鋪有烤盤紙的烤盤上，間隔2公分地擠出直徑約3.5公分的圓形麵糊。將烤盤朝鋪有廚房布巾的工作檯輕敲，讓餅狀麵糊稍微攤開。在室溫下靜置至少30分鐘，讓餅殼麵糊的表面結皮。

將旋風式烤箱預熱至180℃(熱度6)。將擺有白色馬卡龍餅殼和柑橘馬卡龍餅殼的烤盤放入烤箱。烘烤12分鐘，期間將烤箱門快速打開二次，讓濕氣散出。出爐後，將一片片的馬卡龍餅殼擺在工作檯上。

製作柑橘優格甘那許。用鋸齒刀將巧克力切碎，以隔水加熱或微波的方式，將巧克力加熱至45℃/50℃，讓巧克力融化。清洗柑橘並晾乾。用Microplane刨刀將果皮刨下。在平底深鍋中將優格連同柑橘皮、優格粉和奶粉一起加熱至60℃，一邊攪拌。分三次倒入融化的巧克力中，並從中央開始，慢慢朝外以繞圈的方式小心地攪拌。以手持式電動攪拌棒攪打至甘那許變得均匀。

將甘那許倒入焗烤盤中，將保鮮膜緊貼在甘那許的表面。冷藏保存4小時，直到甘那許變爲乳霜狀。

將柑橘優格甘那許放入裝有11號平口擠花嘴的擠花袋中。將白色馬卡龍的餅殼翻面放在烤盤紙上，平坦面朝上。將甘那許擠在餅殼上，接著在中央擺上三至四塊的半糖漬柑橘。再擠上一點柑橘優格甘那許。蓋上柑橘馬卡龍的餅殼並輕輕按壓。

將馬卡龍冷藏保存24小時。在品嚐前2小時取出。

Macaron Velouté citron vert

青檸絲絨馬卡龍

我偏好產自巴西的青檸檬。
特別喜愛青檸刺激鮮明的味道，
以及它隨著果味及芳香
而逐漸展現的各種風味。

前一天，製作白色馬卡龍餅殼。將糖粉和杏仁粉過篩。用溫水稀釋鈦白粉，然後倒入55克的蛋白中。

全部倒入糖粉和杏仁粉的備料中，不要攪拌。

將礦泉水和砂糖煮沸至電子溫度計達118℃。當糖漿到達115℃時，開始將另外55克的蛋白以電動攪拌器打成蛋白霜。

將煮至118℃的糖漿淋在蛋白霜上。攪打冷卻至50℃，然後混入糖粉、杏仁粉和蛋白的備料中，一邊拌勻，一邊爲麵糊排掉多餘空氣。全部倒入裝有11號平口擠花嘴的擠花袋中。

在鋪有烤盤紙的烤盤上，間隔2公分地擠出直徑約3.5公分的圓形麵糊。將烤盤朝鋪有廚房布巾的工作檯輕敲，讓餅狀麵糊稍微攤開。在室溫下靜置至少30分鐘，讓餅殼麵糊的表面結皮。

製作青檸馬卡龍餅殼。將糖粉和杏仁粉過篩。在55克的蛋白中混入食用色素，再全部倒入糖粉和杏仁粉的備料中，不要攪拌。

將礦泉水和砂糖煮沸至電子溫度計達118℃。當糖漿到達115℃時，開始將另外55克的蛋白以電動攪拌器打成蛋白霜。

約72顆馬卡龍
（約需144片餅殼）
準備：5 MIN（提前五天，見「步驟圖解」）+ 1 H 30 MIN
烹調：約20 MIN
乾燥：2次30 MIN
冷藏：4 H + 24 H

LE BISCUIT MACARON BLANC
白色馬卡龍餅殼

150克 糖粉
150克 杏仁粉
8克 鈦白粉（poudre d'oxyde de titane）+ 4克 溫水
55克 + 55克 蛋白液（見「步驟圖解」）
43克 礦泉水
150克 細砂糖

LE BISCUIT MACARON CITRON VERT
青檸馬卡龍餅殼

3克 液狀檸檬黃（jaune citron）食用色素
1克 液狀開心果綠（vert pistache）食用色素
150克 糖粉
150克 杏仁粉
55克 + 55克 蛋白液（見「步驟圖解」）
38克 礦泉水
150克 細砂糖

LA GANACHE AU YAOURT CITRON VERT
青檸優格甘那許

400克 可可脂含量35%的白巧克力（Valrhona Ivoire）
12克 新鮮青檸檬皮
350克 原味發酵優格（yaourt brassé nature）
105克 地中海酸優格粉（poudre de yaourt acide méditerranéen）（Sosa）
25克 奶粉

將煮至118℃的糖漿淋在蛋白霜上。攪打冷卻至50℃，然後混入糖粉、杏仁粉和蛋白的備料中，一邊拌勻，一邊爲麵糊排掉多餘空氣。全部倒入裝有11號平口擠花嘴的擠花袋中。

在鋪有烤盤紙的烤盤上，間隔2公分地擠出直徑約3.5公分的圓形麵糊。將烤盤朝鋪有廚房布巾的工作檯輕敲，讓餅狀麵糊稍微攤開。在室溫下靜置至少30分鐘，讓餅殼麵糊的表面結皮。

將旋風式烤箱預熱至180℃（熱度6）。將擺有白色馬卡龍和青檸馬卡龍的烤盤放入烤箱。烘烤12分鐘，期間將烤箱門快速打開二次，讓濕氣散出。出爐後，將一片片的馬卡龍餅殼擺在工作檯上。

製作青檸優格甘那許。用鋸齒刀將巧克力切碎，以隔水加熱或微波的方式，將巧克力加熱至45℃/50℃，讓巧克力融化。清洗青檸檬並晾乾。用Microplane刨刀將果皮刨下。

在平底深鍋中將優格、檸檬皮、優格粉和奶粉加熱至60℃。分三次倒入融化的巧克力中，並從中央開始，慢慢朝外以繞圈的方式小心地攪拌。以手持式電動攪拌棒攪打至甘那許變得均勻。

將甘那許倒入焗烤盤中，將保鮮膜緊貼在甘那許的表面。冷藏保存4小時，直到甘那許變爲乳霜狀。

將乳霜狀的青檸優格甘那許放入裝有11號平口擠花嘴的擠花袋中。將白色馬卡龍的餅殼翻面在烤盤紙上，平坦面朝上。將青檸優格甘那許擠在餅殼上。蓋上青檸馬卡龍的餅殼並輕輕按壓。

將馬卡龍冷藏保存24小時。在品嚐前2小時取出。

LES «JARDINS»

「花園」系列

Macaron Jardin subtil

精巧花園馬卡龍

一款帶有微妙和細緻風味的馬卡龍。混合了強烈的艾斯伯雷紅椒(piment d'Espelette)、直接不掩飾的檸檬果凝，與刺激酸味的柑橘類水果，為這道馬卡龍賦予了鮮明而對比的滋味。

約72顆馬卡龍
(約需144片餅殼)
準備：5 MIN(提前五天，見「步驟圖解」)+1 H 30 MIN
烹調：約1 H
浸漬時間：20 MIN
乾燥：30 MIN
冷藏：4 H + 24 H

○

LE SUCRE CRITALLISÉ TEINTÉ
染色結晶糖

2.5克 食用綠色亮粉(colorant alimentaire vert scintillant)
250克 粗粒結晶糖

○○

LE BISCUIT MACARON JARDIN SUBTIL
精巧花園馬卡龍餅殼

300克 糖粉
300克 杏仁粉
3.5克 液狀檸檬黃(jaune citron)食用色素
110克 + 110克 蛋白液(見「步驟圖解」)
75克 礦泉水
300克 細砂糖

○○○

LA CRÈME AUX AGRUMES ET AU PIMENT D'ESPELETTE
艾斯伯雷紅椒柑橘內餡

300克 可可脂含量35%的白巧克力(Valrhona Ivoire)
200克 液狀法式鮮奶油(脂肪含量32至35%)
3克 新鮮青檸皮
3克 新鮮柳橙皮
3克 新鮮葡萄柚皮
2.5克 艾斯伯雷紅椒(piment d'Espelette)(當年採收的新鮮品)
25克 血橙汁(jus d'orange sanguine)(新鮮現榨或Tropicana)
幾滴塔巴斯可辣醬(Tabasco rouge)

○○○○

GELÈE DE CITRON JAUNE
檸檬果凝

200克 新鮮黃檸檬汁
10克 細砂糖
1克 新鮮黃檸檬皮
3克 洋菜(agar-agar)(PCB或Sosa)

前一天，製作染色結晶糖。將烤箱預熱至60℃(熱度2)。戴上拋棄式手套，將食用色素和結晶糖一起搓揉。將染色糖鋪在烤盤上，放入烤箱，烘乾30分鐘。保存在室溫下。

前一天，製作檸檬果凝。在平底深鍋中混合洋菜和細砂糖。倒入檸檬汁和檸檬皮，煮沸並不斷攪拌，續煮1分鐘後離火。放涼後冷藏12小時。

製作精巧花園馬卡龍餅殼。將糖粉和杏仁粉一起過篩。將食用色素混入110克的蛋白中。全部倒入糖粉和杏仁粉的備料中，不要攪拌。

將礦泉水和砂糖煮沸至電子溫度計達118℃。當糖漿到達115℃時，開始將另外110克的蛋白以電動攪拌器打成蛋白霜。

→ 將煮至118℃的糖漿淋在蛋白霜上。攪打冷卻至50℃，然後將這混合物加入糖粉和杏仁粉的備料中，一邊拌勻，一邊爲麵糊排掉多餘空氣。全部倒入裝有11號平口擠花嘴的擠花袋中。

在鋪有烤盤紙的烤盤上，間隔2公分地擠出直徑約3.5公分的圓形麵糊。將烤盤朝鋪有廚房布巾的工作檯輕敲，讓餅狀麵糊稍微攤開。撒上染色結晶糖，在室溫下靜置至少30分鐘，讓餅殼麵糊的表面結皮。

將旋風式烤箱預熱至180℃(熱度6)。將放有馬卡龍餅殼的烤盤放入烤箱。烘烤12分鐘，期間將烤箱門快速打開二次，讓濕氣散出。出爐後，將一片片的馬卡龍餅殼擺在工作檯上。

製作艾斯伯雷紅椒柑橘內餡。用鋸齒刀將巧克力切碎，以隔水加熱或微波的方式，將巧克力加熱至45℃/50℃，讓巧克力融化。將液狀法式鮮奶油連同用Microplane刨刀削下的青檸皮、柳橙皮和葡萄柚皮，以及艾斯伯雷紅椒一起煮沸。離火，加蓋浸泡20分鐘。將熱鮮奶油分三次倒入融化的巧克力中，並從中央開始，慢慢朝外以繞圈的方式小心地攪拌。將血橙汁和塔巴斯可辣醬一起加熱至約50℃。混入並以手持式電動攪拌棒將艾斯伯雷紅椒柑橘內餡打至均勻。

將內餡倒入焗烤盤中，將保鮮膜緊貼在表面。冷藏保存4小時，直到內餡變爲乳霜狀。

取出檸檬果凝，放入深缽盆中以刮勺攪拌至滑順狀態，倒入裝有11號平口擠花嘴的擠花袋中。

將滑順的艾斯伯雷紅椒柑橘內餡倒入裝有11號平口擠花嘴的擠花袋中。將一半的餅殼翻面，平坦朝上放在一張烤盤紙上。將紅椒柑橘內餡擠在餅殼上，中央再擠上一球檸檬果凝，再擠上一些紅椒柑橘內餡。蓋上另一半的餅殼並輕輕按壓。

將馬卡龍冷藏保存24小時。在品嚐前2小時取出。

Macaron Jardin de Valérie

薇樂麗花園馬卡龍

*創造這款馬卡龍，
獻給我所愛的薇樂麗的故鄉－
科西嘉島（Corse）。
對我來說，
蠟菊的氣味象徵著科西嘉島，
它散發出強烈的牧草和茴香味。
我在科西嘉蠟菊內餡中
埋入一些糖漬柑橘丁，
搭配出巧妙的風味。*

約72顆馬卡龍
（約需144片餅殼）
準備：5 MIN（提前五天，見「步驟圖解」）+ 1 H 50 MIN
烹調：約20 MIN
乾燥：2次 30 MIN
冷藏：4 H + 24 H

○

LE BISCUIT MACARON JAUNE
黃色馬卡龍餅殼

150克 糖粉
150克 杏仁粉
2克 液狀檸檬黃（jaune citron）食用色素
55克 + **55克** 蛋白液（見「步驟圖解」）
38克 礦泉水
150克 細砂糖

○○

LE BISCUIT MACARON JAUNE ORANGÉ
橘黃馬卡龍餅殼

150克 糖粉
150克 杏仁粉
2.5克 液狀檸檬黃（jaune citron）食用色素
1.5克 液狀草莓紅（rouge fraise）食用色素
1.5克 液狀胭脂紅（rouge carmin）食用色素
55克 + **55克** 蛋白液（見「步驟圖解」）
38克 礦泉水
150克 細砂糖

○○○

LA CRÈME À L'IMMORTELLE DE CORSE
科西嘉蠟菊內餡

385克 可可脂含量35%的白巧克力（Valrhona Ivoire）
345克 液狀法式鮮奶油（脂肪含量32至35%）
30克 有機蠟菊精油（huile essentielle biologique d'immortelle）（Corsica Pam請見Helichrysum italicum）[由科西嘉阿拉利亞Aléria地區的Stéphane Acquarone所種植]

○○○○

LA GARNITURE 餡料

200克 糖漬柑橘（cédrat confit）（Saint-Sylvestre糖果店）

前一天，製作黃色馬卡龍餅殼。將糖粉和杏仁粉一起過篩。將食用色素混入55克的蛋白中。全部倒入糖粉和杏仁粉的備料中，不要攪拌。

將礦泉水和砂糖煮沸至電子溫度計達118℃。當糖漿到達115℃時，開始將另外55克的蛋白以電動攪拌器打成蛋白霜。

將煮至118℃的糖漿淋在蛋白霜上。攪打冷卻至50℃，然後將義式蛋白霜混入糖粉、杏仁粉和蛋白的備料中，一邊拌匀，一邊爲麵糊排掉多餘空氣。全部倒入裝有11號平口擠花嘴的擠花袋中。

在鋪有烤盤紙的烤盤上，間隔2公分地擠出直徑約3.5公分的圓形麵糊。將烤盤朝鋪有廚房布巾的工作檯輕敲，讓餅狀麵糊稍微攤開。在室溫下靜置至少30分鐘，讓餅殼麵糊的表面結皮。

製作橘黃馬卡龍餅殼。將糖粉和杏仁粉一起過篩。將食用色素混入55克的蛋白中。倒入糖粉和杏仁粉的備料中，不要攪拌。

將礦泉水和砂糖煮沸至電子溫度計達118℃。當糖漿到達115℃時，開始將另外55克的蛋白以電動攪拌器打成蛋白霜。

將煮至118℃的糖漿淋在蛋白霜上。攪打冷卻至50℃，然後將這混合物加入糖粉和杏仁粉的備料中，一邊拌勻，一邊爲麵糊排掉多餘空氣。全部倒入裝有11號平口擠花嘴的擠花袋中。

在鋪有烤盤紙的烤盤上，間隔2公分地擠出直徑約3.5公分的圓形麵糊。將烤盤朝鋪有廚房布巾的工作檯輕敲，讓餅狀麵糊稍微攤開。在室溫下靜置至少30分鐘，讓餅殼麵糊的表面結皮。

將旋風式烤箱預熱至180℃（熱度6）。將擺有黃色馬卡龍和橘黃馬卡龍餅殼的烤盤放入烤箱。烘烤12分鐘，期間將烤箱門快速打開二次，讓濕氣散出。出爐後，將一片片的馬卡龍餅殼擺在工作檯上。

製作科西嘉蠟菊內餡。用鋸齒刀將巧克力切碎，以隔水加熱或微波的方式，將巧克力加熱至45℃/50℃，讓巧克力融化。將液狀法式鮮奶油煮沸。分三次倒入融化的巧克力中，並從中央開始，慢慢朝外以繞圈的方式小心地攪拌。加入有機蠟菊精油，以手持式電動攪拌棒將內餡打至均勻。

將科西嘉蠟菊內餡倒入焗烤盤中，將保鮮膜緊貼在表面。冷藏保存4小時，直到奶油醬內餡變得滑順。

將糖漬柑橘切成小丁。

將滑順的科西嘉蠟菊內餡倒入裝有11號平口擠花嘴的擠花袋中。將黃色馬卡龍的餅殼翻面放在烤盤紙上，平坦面朝上。將科西嘉蠟菊內餡擠在餅殼上，接著在中央放上三塊糖漬柑橘丁。再擠上一點科西嘉蠟菊內餡。蓋上橘黃馬卡龍的餅殼並輕輕按壓。

將馬卡龍冷藏保存24小時。在品嚐前2小時取出。

約72顆馬卡龍
（約需144片餅殼）
準備：5 MIN（提前五天，見「步驟圖解」）+ 2 H
烹調：約1 H 10 MIN
乾燥：2次30 MIN
冷藏：4 H + 24 H

LE BISCUIT MACARON JAUNE CITRON
檸檬黃馬卡龍餅殼

150克 糖粉
150克 杏仁粉
3克 液狀檸檬黃（jaune citron）食用色素
55克 + 55克 蛋白液（見「步驟圖解」）
38克 礦泉水
150克 細砂糖

LE BISCUIT MACARON JAUNE ORANGÉ
橘黃馬卡龍餅殼

150克 糖粉
150克 杏仁粉
3.5克 液狀檸檬黃食用色素
1克 液狀草莓紅（rouge fraise）食用色素
55克 + 55克 蛋白液（見「步驟圖解」）
38克 礦泉水
150克 細砂糖

LA PURÉE POTIRON ASSAIONNÉE
調味南瓜泥

500克 南瓜（potiron）（以取得350克 的南瓜泥）
8克 新鮮生薑
1/2克 錫蘭肉桂粉（cannelle de Ceylan en poudre）
1撮 肉荳蔻粉（noix de muscade moulue）

LA CRÈME AU POTIRON
南瓜內餡

335克 可可脂含量35%的白巧克力（Valrhona Ivoire）
35克 可可脂（beurre de cacao）（Valrhona）
350克 調味南瓜泥

LA GARNITURE 餡料

2支 真空包裝熟玉米（maïs cuits sous vide）（超市袋裝）

Macaron Jardin d'automne

秋季花園馬卡龍

我得到構思出
這款馬卡龍的靈感，
是在澳門一家法式餐廳嚐到的
玉米南瓜濃湯。
兩種食材的味道都很突出，
但又出奇地協調。
我用南瓜（potiron）-亦可
使用栗子南瓜（potimarron）、
肉桂、薑和肉荳蔻來調味，
重新詮釋出這款馬卡龍。

前一天，製作檸檬黃馬卡龍餅殼。將糖粉和杏仁粉一起過篩。將食用色素混入55克的蛋白中。全部倒入糖粉和杏仁粉的備料中，不要攪拌。

將礦泉水和砂糖煮沸至電子溫度計達118℃。當糖漿到達115℃時，開始將另外55克的蛋白以電動攪拌器打成蛋白霜。

將煮至118℃的糖漿淋在蛋白霜上。攪打冷卻至50℃，然後將義式蛋白霜混入糖粉、杏仁粉和蛋白的備料中，一邊拌勻，一邊爲麵糊排掉多餘空氣。全部倒入裝有11號平口擠花嘴的擠花袋中。

在鋪有烤盤紙的烤盤上，間隔2公分地擠出直徑約3.5公分的圓形麵糊。將烤盤朝鋪有廚房布巾的工作檯輕敲，讓餅狀麵糊稍微攤開。在室溫下靜置至少30分鐘，讓餅殼麵糊的表面結皮。

製作橘黃馬卡龍餅殼。將糖粉和杏仁粉一起過篩。將食用色素混入55克的蛋白中。全部倒入糖粉和杏仁粉的備料中，不要攪拌。

將礦泉水和砂糖煮沸至電子溫度計達118℃。當糖漿到達115℃時，開始將另外55克的蛋白以電動攪拌器打成蛋白霜。

將煮至118℃的糖漿淋在蛋白霜上。攪打冷卻至50℃，然後將這混合物加入糖粉、杏仁粉和蛋白的備料中，一邊拌匀，一邊爲麵糊排掉多餘空氣。全部倒入裝有11號平口擠花嘴的擠花袋中。

在鋪有烤盤紙的烤盤上，間隔2公分地擠出直徑約3.5公分的圓形麵糊。將烤盤朝鋪有廚房布巾的工作檯輕敲，讓餅狀麵糊稍微攤開。在室溫下靜置至少30分鐘，讓餅殼麵糊的表面結皮。

將旋風式烤箱預熱至180℃（熱度6）。將擺有檸檬黃和橘黃馬卡龍餅殼的烤盤放入烤箱。烘烤12分鐘，期間將烤箱門快速打開二次，讓濕氣散出。出爐後，將一片片的馬卡龍餅殼擺在工作檯上。

將烤箱溫度調低至80℃（熱度2/3）。製作乾燥玉米粒（grains de maïs séchés）。用刀將玉米上的玉米粒切下。鋪在裝有烤盤紙的烤盤上。將烤盤放入烤箱烘乾30分鐘。

製作調味南瓜泥。將南瓜塊削皮並去籽。將果肉切成大丁用壓力鍋（cocotte-minute）燉煮20分鐘。煮好後瀝乾，再用食物料理機打成泥，然後再將果泥和以Microplane刨刀刨成碎末的生薑、肉桂和肉荳蔻放入平底深鍋中加熱。

製作南瓜內餡。用鋸齒刀分別將巧克力和可可脂切碎，以隔水加熱或微波的方式，將巧克力和可可脂加熱至45℃/50℃，讓巧克力和可可脂融化。將調味南瓜泥煮沸。分三次倒入融化好的巧克力和可可脂中，並從中央開始，慢慢朝外以繞圈的方式小心地攪拌。以手持式電動攪拌棒將南瓜內餡打至均匀。

將上述備料倒入焗烤盤中，將保鮮膜貼在內餡表面。冷藏保存4小時，直到南瓜內餡變得滑順。

將滑順的南瓜內餡倒入裝有11號平口擠花嘴的擠花袋中。將檸檬黃馬卡龍的餅殼翻面在烤盤紙上，平坦面朝上。將南瓜內餡擠在餅殼上。在中央輕輕插入4顆乾燥玉米粒。再擠上一點南瓜內餡。蓋上橘黃馬卡龍的餅殼並輕輕按壓。

將馬卡龍冷藏保存24小時。在品嚐前2小時取出。

約72顆馬卡龍
（約需144片餅殼）
準備：5 MIN（提前五天，見「步驟圖解」）+ 5 MIN（前二天）+ 1 H 30 MIN
烹調：2 H 10 MIN（前二天）+ 前一天約20 MIN
浸漬時間：24 H
乾燥：2次30 MIN
冷藏：6 H + 2次24 H

Macaron Jardin du sultan

蘇丹花園馬卡龍

○

LES ORANGES CONFITES
糖漬柳橙

600克 柳橙
500克 礦泉水
250克 細砂糖

○○

LE BISCUIT MACARON CAFÉ
咖啡馬卡龍餅殼

150克 糖粉
150克 杏仁粉
7.5克 濃縮咖啡液（essence de café liquide）（Trablit）
1克 液狀檸檬黃（jaune citron）食用色素
55克 + 55克 蛋白液（見「步驟圖解」）
38克 礦泉水
150克 細砂糖

○○○

LE BISCUIT MACARON MANDARINE
柑橘馬卡龍餅殼

150克 糖粉
150克 杏仁粉
3.5克 液狀檸檬黃食用色素
1克 液狀草莓紅（rouge fraise）食用色素
55克 + 55克 蛋白液（見「步驟圖解」）
38克 礦泉水
150克 細砂糖

○○○○

LA CRÈME AU CAFÉ IAPAR ROUGE DU BRÉSIL ET À LA FLEUR D'ORANGER
巴西IAPAR ROUGE咖啡橙花內餡

18克 巴西IAPAR ROUGE咖啡豆（grains de café Iapar rouge du Brésil）（L'Arbre à Café）
370克 液狀法式鮮奶油（脂肪含量32至35%）
10克 液狀葡萄糖（glucose liquide）
320克 可可脂含量35%的白巧克力（Valrhona Ivoire）
2克 橙花水（eau de fleur d'oranger）

向伊波利特・柯蒂（Hippolyte Courty）學習咖啡的風味時，我想將咖啡與橙花水結合；這使我萌生將糖漬柳橙加進內餡，做爲夾餡的想法。爲了保存最佳風味，建議您使用前最後一刻再研磨咖啡。

前二天，製作糖漬柳橙。清洗柳橙並晾乾。將柳橙的兩端切去，接著將柳橙縱切成4塊，浸入一鍋沸水（份量外）中。當水再度煮沸時，續滾2分鐘後瀝乾。用冷水冰鎮。重複同樣的步驟二次。再度瀝乾。

以文火將礦泉水和細砂糖煮沸。加入瀝乾的柳橙塊，將平底深鍋加蓋蓋上3/4，以極小的火微滾2小時。

將柳橙塊和糖漿倒入深缽盆中。放涼，加蓋並冷藏保存至隔天。

前一天，將糖漬柳橙置於架在深缽盆上的網篩中瀝乾1小時，接著用食物料理機打成細果泥。冷藏保存。

→ 製作咖啡馬卡龍餅殼。將糖粉和杏仁粉一起過篩。將咖啡濃縮液和食用色素混入55克的蛋白中。全部倒入糖粉和杏仁粉的備料中，不要攪拌。

將礦泉水和砂糖煮沸至電子溫度計達118℃。當糖漿到達115℃時，開始將另外55克的蛋白以電動攪拌器打成蛋白霜。

將煮至118℃的糖漿淋在蛋白霜上。攪打冷卻至50℃，然後將義式蛋白霜混入糖粉、杏仁粉和蛋白的備料中，一邊拌勻，一邊爲麵糊排掉多餘空氣。全部倒入裝有11號平口擠花嘴的擠花袋中。

在鋪有烤盤紙的烤盤上，間隔2公分地擠出直徑約3.5公分的圓形麵糊。將烤盤朝鋪有廚房布巾的工作檯輕敲，讓餅狀麵糊稍微攤開。在室溫下靜置至少30分鐘，讓餅殼麵糊的表面結皮。

製作柑橘馬卡龍餅殼。將糖粉和杏仁粉一起過篩。將食用色素混入55克的蛋白中。倒入糖粉和杏仁粉的備料中，不要攪拌。

將礦泉水和砂糖煮沸至電子溫度計達118℃。當糖漿到達115℃時，開始將另外55克的蛋白以電動攪拌器打成蛋白霜。

將煮至118℃的糖漿淋在蛋白霜上。攪打冷卻至50℃，然後將這混合物加入糖粉和杏仁粉的備料中，一邊拌勻，一邊爲麵糊排掉多餘空氣。全部倒入裝有11號平口擠花嘴的擠花袋中。

在鋪有烤盤紙的烤盤上，間隔2公分地擠出直徑約3.5公分的圓形麵糊。將烤盤朝鋪有廚房布巾的工作檯輕敲，讓餅狀麵糊稍微攤開。在室溫下靜置至少30分鐘，讓餅殼麵糊的表面結皮。

將旋風式烤箱預熱至180℃（熱度6）。將擺有咖啡和柑橘馬卡龍餅殼的烤盤放入烤箱。烘烤12分鐘，期間將烤箱門快速打開二次，讓濕氣散出。出爐後，將一片片的馬卡龍餅殼擺在工作檯上。

製作巴西IAPAR ROUGE咖啡橙花內餡。研磨咖啡豆。將液狀法式鮮奶油煮沸，接著加入研磨好的咖啡粉。離火，加蓋浸泡3分鐘。過濾咖啡鮮奶油，接著加入葡萄糖。用鋸齒刀將巧克力切碎，以隔水加熱或微波的方式，將巧克力加熱至45℃/50℃，讓巧克力融化。將咖啡鮮奶油分三次倒入融化的巧克力中，並從中央開始，慢慢朝外以繞圈的方式小心地攪拌。混入橙花水，以手持式電動攪拌棒將內餡打至均勻。

將內餡倒入焗烤盤中，將保鮮膜緊貼在表面。冷藏保存6小時，直到內餡變得滑順。

將滑順的咖啡橙花內餡倒入裝有11號平口擠花嘴的擠花袋中。同樣將糖漬柳橙泥裝入擠花袋中。將咖啡馬卡龍的餅殼翻面在烤盤紙上，平坦面朝上。將咖啡橙花內餡擠在餅殼上，在中央再擠上一球糖漬柳橙泥，再擠上一點咖啡橙花內餡。蓋上柑橘馬卡龍的餅殼並輕輕按壓。

將馬卡龍冷藏保存24小時。在品嚐前2小時取出。

Macaron Jardin andalou
安達盧西亞花園馬卡龍

一款具有強烈果香的馬卡龍，以柑橘橄欖油調味的內餡邂逅了以糖煮紅莓果製成的夾餡，散發出微酸的野莓風味。

前一天，製作柑橘馬卡龍餅殼。將糖粉和杏仁粉過篩。在55克的蛋白中混入食用色素。全部倒入糖粉和杏仁粉的備料中，不要攪拌。

將礦泉水和砂糖煮沸至電子溫度計達118℃。當糖漿到達115℃時，開始將另外55克的蛋白以電動攪拌器打成蛋白霜。

將煮至118℃的糖漿淋在蛋白霜上。攪打冷卻至50℃，然後將這混合物加入糖粉和杏仁粉的備料中，一邊拌勻，一邊爲麵糊排掉多餘空氣。全部倒入裝有11號平口擠花嘴的擠花袋中。

在鋪有烤盤紙的烤盤上，間隔2公分地擠出直徑約3.5公分的圓形麵糊。將烤盤朝鋪有廚房布巾的工作檯輕敲，讓餅狀麵糊稍微攤開。在室溫下靜置至少30分鐘，讓餅殼麵糊的表面結皮。

約72顆馬卡龍
（約需144片餅殼）
準備：**5 MIN（提前五天，見「步驟圖解」）+ 1 H 50 MIN**
烹調：**約30 MIN**
乾燥：**2次30 MIN**
冷藏：**4 H + 24 H**

○

LE BISCUIT MACARON MANDARINE
柑橘馬卡龍餅殼

150克 糖粉
150克 杏仁粉
3.5克 液狀檸檬黃（jaune citron）食用色素
1克 液狀草莓紅（rouge fraise）食用色素
55克 + 55克 蛋白液（見「步驟圖解」）
38克 礦泉水
150克 細砂糖

○○

LE BISCUIT MACARON ROUGE
紅色馬卡龍餅殼

150克 糖粉
150克 杏仁粉
10克 液狀草莓紅食用色素
3克 液狀胭脂紅（rouge carmin）食用色素
55克 + 55克 蛋白液（見「步驟圖解」）
38克 礦泉水
150克 細砂糖

○○○

LA CRÈME À L'HUILE D'OLIVE À LA MANDARINE
柑橘橄欖油內餡

450克 可可脂含量35%的白巧克力（Valrhona Ivoire）
200克 液狀法式鮮奶油（脂肪含量32至35%）
300克 柑橘橄欖油（huile d'olive à la mandarine）（Première Pression Provence）

○○○○

LA COMPOTE DE FRUITS ROUGES
糖煮紅莓

100克 覆盆子
220克 木哈野莓（fraise Mara des bois）
50克 摘好的紅醋栗粒（groseille égrappée）
50克 摘好的黑醋栗粒（cassis égrappé）
50克 野草莓（fraise des bois）
3克 洋菜（agar-agar）
50克 細砂糖
20克 黃檸檬汁

→

→ 製作紅色馬卡龍餅殼。將糖粉和杏仁粉過篩。在55克的蛋白中混入食用色素。全部倒入糖粉和杏仁粉的備料中，不要攪拌。

將礦泉水和砂糖煮沸至電子溫度計達118℃。當糖漿到達115℃時，開始將另外55克的蛋白以電動攪拌器打成蛋白霜。

將煮至118℃的糖漿淋在蛋白霜上。攪打冷卻至50℃，然後將這混合物加入糖粉和杏仁粉的備料中，一邊拌勻，一邊爲麵糊排掉多餘空氣。全部倒入裝有11號平口擠花嘴的擠花袋中。

在鋪有烤盤紙的烤盤上，間隔2公分地擠出直徑約3.5公分的圓形麵糊。將烤盤朝鋪有廚房布巾的工作檯輕敲，讓餅狀麵糊稍微攤開。在室溫下靜置至少30分鐘，讓餅殼麵糊的表面結皮。

將旋風式烤箱預熱至180℃(熱度6)。將擺有柑橘和紅色馬卡龍餅殼的烤盤放入烤箱。烘烤12分鐘，期間將烤箱門快速打開二次，讓濕氣散出。出爐後，將一片片的馬卡龍餅殼擺在工作檯上。

製作柑橘橄欖油內餡。用鋸齒刀將巧克力切碎，以隔水加熱或微波的方式，將巧克力加熱至45℃/50℃，讓巧克力融化。將液狀法式鮮奶油煮沸。分三次倒入融化的巧克力中，並從中央開始，慢慢朝外以繞圈的方式小心地攪拌。以手持式電動攪拌棒將甘那許打至均勻。甘那許溫度一降至50℃以下，就分三次加入柑橘橄欖油。再度用手持式電動攪拌棒攪打。

將柑橘橄欖油內餡倒入焗烤盤中，將保鮮膜緊貼在表面。冷藏保存4小時，直到內餡變得滑順。

製作糖煮紅莓。用多功能研磨機分別將覆盆子、草莓、摘好的紅醋栗和黑醋栗，以及野草莓磨成泥。在平底深鍋中混合洋菜和細砂糖。倒入磨好的綜合紅果果泥和檸檬汁，煮沸並不斷攪拌，續煮1分鐘後離火。放涼。

將滑順的柑橘橄欖油內餡倒入裝有11號平口擠花嘴的擠花袋中。放涼的糖煮紅莓也同樣裝入另一個擠花袋中。將柑橘馬卡龍的餅殼翻面放在烤盤紙上，平坦面朝上。將柑橘橄欖油內餡擠在餅殼上，接著在中央擠上一球的糖煮紅莓。蓋上紅色馬卡龍的餅殼並輕輕按壓。

將馬卡龍冷藏保存24小時。在品嚐前2小時取出。

約72顆馬卡龍
（約需144片餅殼）
準備：5 MIN（提前五天，見「步驟圖解」）+ 1 H 50 MIN
烹調：約30 MIN
乾燥：2次30 MIN
冷藏：2 H + 24 H

LE BISCUIT MACARON VERT ANIS
茴香綠馬卡龍餅殼

150克 糖粉
150克 杏仁粉
0.5克 液狀巧克力棕食用色素
0.5克 液狀檸檬黃食用色素
0.5克 液狀開心果綠食用色素
55克 + 55克 蛋白液（見「步驟圖解」）
38克 礦泉水
150克 細砂糖

LE BISCUIT MACARON VIOLET
紫羅蘭馬卡龍餅殼

1克 液狀紫羅蘭食用色素
150克 糖粉
150克 杏仁粉
55克 + 55克 蛋白液（見「步驟圖解」）
38克 礦泉水
150克 細砂糖

LA MERINGUE ITALIENNE
義式蛋白霜

35克 礦泉水
125克 細砂糖
65克 蛋白 + 5克 細砂糖

LA CRÈME ANGLAISE
英式奶油醬

90克 全脂鮮乳
70克 蛋黃
40克 細砂糖

LA CRÈME À LA VIOLETTE ET À L'ANIS
紫羅蘭茴香奶油醬

450克 室溫軟化的奶油（Viette）
200克 英式奶油醬
2克 茴香籽粉（anis en grains moulu）（Thiercelin）
3克 紫羅蘭食用香精（arôme de violette）（法國於藥房；台灣於食品材料行購買）
175克 義式蛋白霜

Macaron Jardin d'antan

昔日花園馬卡龍

我和尚-米歇爾·杜希耶（Jean-Michel Duriez）聯手撰寫《Au Coeur du goût味道的關鍵》時（Agnès Viénot Éditions出版），我將復古的紫羅蘭和清新的茴香相結合。這是一款有著懷舊風情的馬卡龍。

製作茴香綠馬卡龍餅殼。將糖粉和杏仁粉過篩。在55克的蛋白中混入食用色素。倒入糖粉和杏仁粉的備料中，不要攪拌。

將礦泉水和砂糖煮沸至電子溫度計達118℃。當糖漿到達115℃時，開始將另外55克的蛋白以電動攪拌器打成蛋白霜。

將煮至118℃的糖漿淋在蛋白霜上。攪打冷卻至50℃，然後將義式蛋白霜加入糖粉和杏仁粉的備料中，一邊拌勻，一邊爲麵糊排掉多餘空氣。全部倒入裝有11號平口擠花嘴的擠花袋中。

在鋪有烤盤紙的烤盤上，間隔2公分地擠出直徑約3.5公分的圓形麵糊。將烤盤朝鋪有廚房布巾的工作檯輕敲，讓餅狀麵糊稍微攤開。在室溫下靜置至少30分鐘，讓餅殼麵糊的表面結皮。

製作紫羅蘭馬卡龍餅殼。將糖粉和杏仁粉過篩。在55克的蛋白中混入食用色素。倒入糖粉和杏仁粉的備料中，不要攪拌。

→ 將礦泉水和砂糖煮沸至電子溫度計達118℃。當糖漿到達115℃時，開始將另外55克的蛋白以電動攪拌器打成蛋白霜。

將煮至118℃的糖漿淋在蛋白霜上。攪打冷卻至50℃，然後將義式蛋白霜加入糖粉和杏仁粉的備料中，一邊拌勻，一邊爲麵糊排掉多餘空氣。全部倒入裝有11號平口擠花嘴的擠花袋中。

在鋪有烤盤紙的烤盤上，間隔2公分地擠出直徑約3.5公分的圓形麵糊。將烤盤朝鋪有廚房布巾的工作檯輕敲，讓餅狀麵糊稍微攤開。在室溫下靜置至少30分鐘，讓餅殼麵糊的表面結皮。

將旋風式烤箱預熱至180℃（熱度6）。將烤盤放入烤箱。烘烤12分鐘，期間將烤箱門快速打開二次，讓濕氣散出。出爐後，將一片片的馬卡龍餅殼擺在工作檯上。

製作義式蛋白霜。將礦泉水和砂糖煮沸至電子溫度計達121℃。一煮沸就用蘸濕的糕點刷擦拭鍋緣。在糖漿達115℃時，開始將蛋白和5克的細砂糖打發至呈現尖端下垂的「鳥嘴狀」，也就是說不要過度打發。緩緩地倒入煮至121℃的糖漿，不停以中速攪打至蛋白霜冷卻。

製作英式奶油醬。將牛乳煮沸，在另一個平底深鍋中混合蛋黃和糖，攪拌至混合物泛白。徐徐倒入牛乳中，一邊快速攪拌。將平底深鍋以文火加熱並不停攪拌，煮至電子溫度計達85℃－由於含有大量的蛋，這道奶油醬會很容易黏鍋。攪拌後倒入裝有網狀攪拌棒的電動攪拌器中。以中速打至奶油醬冷卻。

製作紫羅蘭茴香奶油醬。用裝有網狀攪拌棒的電動攪拌器攪打奶油5分鐘，加入冷卻的英式奶油醬、茴香籽粉和紫羅蘭香精。再度用電動攪拌器攪打，接著將這備料裝在深缽盆中。慢慢混入175克的義式蛋白霜。

將紫羅蘭茴香奶油醬倒入焗烤盤中，將保鮮膜緊貼在奶油醬上。冷藏保存2小時，直到奶油醬變得滑順。

將滑順的紫羅蘭茴香奶油醬倒入裝有11號平口擠花嘴的擠花袋中。將茴香綠的餅殼翻面放在烤盤紙上，平坦面朝上。將紫羅蘭茴香奶油醬擠在餅殼上。蓋上紫羅蘭馬卡龍的餅殼並輕輕按壓。

將馬卡龍冷藏保存24小時。在品嚐前2小時取出。

L'inspiration
me vient
de mes envies.

我的靈感來自於渴望。

Macaron Jardin d'été

夏季花園馬卡龍

*這款馬卡龍
確實能讓人聯想到夏天。
黃檸檬果皮和果汁的清新感，
以及奶油和黑砂糖
將球莖茴香煮至焦化，
所帶出的淡淡茴香味，
再以砂勞越產的黑胡椒
進行調味。*

前二天，製作檸檬奶油醬。清洗檸檬並晾乾。用Microplane刨刀在深缽盆上方爲檸檬刨下果皮。倒入細砂糖，將糖和檸檬皮一起搓揉。加入蛋和檸檬汁。隔水加熱至83/84℃，並不時攪拌。

將深缽盆放入另一個裝有冰塊的盆中，直到奶油醬的溫度降至60℃。一邊混入切成小塊狀的奶油，一邊用網狀攪拌器將檸檬醬打至平滑，接著用電動攪拌器攪打10分鐘，將保鮮膜緊貼在奶油醬上。冷藏保存到隔天。

前一天，完成檸檬奶油醬。用鋸齒刀將可可脂切碎，以隔水加熱或微波的方式，將可可脂加熱至45℃/50℃，讓可可脂融化。攪拌前一天製作的檸檬醬，混入融化的可可脂，攪拌後再加入杏仁粉，拌勻後以冷藏保存。

→

約72顆馬卡龍
（約需144片餅殼）
準備：**5 MIN（提前五天，見「步驟圖解」）+ 30 MIN（前二天）+ 1 H 30 MIN**
烹調：**20 MIN（前二天）+ 約1 H 30 MIN**
乾燥：**2次30 MIN**
冷藏：**4 H + 2次 24 H**

○

LA CRÈME CITRON
檸檬奶油醬

8克 黃檸檬皮
240克 細砂糖
225克 全蛋
160克 現榨黃檸檬汁
350克 室溫軟化的奶油（Viette）
175克 可可脂（beurre de cacao）（Valrhona）
95克 去皮杏仁粉（poudre d'amande blanche）

○○

LE FENOUIL CARAMÉLISÉ
焦糖茴香

250克 新鮮球莖茴香（fenouil frais）
25克 奶油（Viette）
40克 黑砂糖（sucre Muscovado）
25克 黃檸檬汁
0.25克 砂勞越黑胡椒（poivre noir de Sarawak）

○○○

LE BISCUIT MACARON JAUNE
黃色馬卡龍餅殼

150克 糖粉
150克 杏仁粉
3.5克 液狀檸檬黃（jaune citron）食用色素
55克 + 55克 蛋白液（見「步驟圖解」）
38克 礦泉水
150克 細砂糖

○○○○

LE BISCUIT MACARON VERT ANIS
茴香綠馬卡龍餅殼

150克 糖粉
150克 杏仁粉
0.5克 液狀巧克力棕食用色素
0.5克 液狀檸檬黃食用色素
0.5克 液狀開心果綠食用色素
55克 + 55克 蛋白液（見「步驟圖解」）
38克 礦泉水
150克 細砂糖

＊黑砂糖（sucre Muscovado）指未精煉過的黑糖。

→ 製作焦糖茴香。將烤箱預熱至100℃（熱度3/4）。清洗球莖茴香並晾乾。將茴香切成1公分的小丁。在平底煎鍋（poêle）中將奶油和黑砂糖煮至融化並煮成焦糖，加入茴香丁、黃檸檬汁和現磨的砂勞越黑胡椒，攪拌後鋪在裝有烤盤紙的烤盤上，放入烤箱烘乾30分鐘。將烤盤從烤箱中取出。放涼後用手持電動攪拌棒打成細緻的糊狀備用。

製作黃色馬卡龍餅殼。將糖粉和杏仁粉過篩。在55克的蛋白中混入食用色素。全部倒入糖粉和杏仁粉的備料中，不要攪拌。

將礦泉水和砂糖煮沸至電子溫度計達118℃。當糖漿到達115℃時，開始將另外55克的蛋白以電動攪拌器打成蛋白霜。

將煮至118℃的糖漿淋在蛋白霜上。攪打冷卻至50℃，然後將這混合物加入糖粉、杏仁粉和蛋白的備料中，一邊拌勻，一邊爲麵糊排掉多餘空氣。全部倒入裝有11號平口擠花嘴的擠花袋中。

在鋪有烤盤紙的烤盤上，間隔2公分地擠出直徑約3.5公分的圓形麵糊。將烤盤朝鋪有廚房布巾的工作檯輕敲，讓餅狀麵糊稍微攤開。在室溫下靜置至少30分鐘，讓餅殼麵糊的表面結皮。

製作茴香綠馬卡龍餅殼。將糖粉和杏仁粉過篩。在55克的蛋白中混入食用色素。倒入糖粉和杏仁粉的備料中，不要攪拌。將礦泉水和砂糖煮沸至電子溫度計達118℃。當糖漿到達115℃時，開始將另外55克的蛋白以電動攪拌器打成蛋白霜。

將煮至118℃的糖漿淋在蛋白霜上。攪打冷卻至50℃，然後將這混合物加入糖粉、杏仁粉和蛋白的備料中，一邊拌勻，一邊爲麵糊排掉多餘空氣。全部倒入裝有11號平口擠花嘴的擠花袋中。

在鋪有烤盤紙的烤盤上，間隔2公分地擠出直徑約3.5公分的圓形麵糊。將烤盤朝鋪有廚房布巾的工作檯輕敲，讓餅狀麵糊稍微攤開。在室溫下靜置至少30分鐘，讓餅殼麵糊的表面結皮。

將旋風式烤箱預熱至180℃（熱度6）。將擺有黃色馬卡龍和茴香綠馬卡龍餅殼的烤盤放入烤箱。烘烤12分鐘，期間將烤箱門快速打開二次，讓濕氣散出。出爐後，將一片片的馬卡龍餅殼擺在工作檯上。

將檸檬奶油醬倒入裝有11號平口擠花嘴的擠花袋中。同樣將焦糖茴香也倒入另一個擠花袋中。將黃色馬卡龍的餅殼翻面在烤盤紙上，平坦面朝上。將檸檬奶油醬擠在餅殼上，在中央擠上一球焦糖茴香，再擠上一點檸檬奶油醬。蓋上茴香綠馬卡龍的餅殼並輕輕按壓。

將馬卡龍冷藏保存24小時。在品嚐前2小時取出。

Macaron Jardin dans les nuages

雲中花園馬卡龍

約72顆馬卡龍
（約需144片餅殼）
準備：5 MIN（提前五天，見「步驟圖解」）+ 1 H 30 MIN
烹調：約20 MIN
乾燥：2次30 MIN
冷藏：2 H + 24 H

LE BISCUIT MACARON CHOCOLAT 巧克力馬卡龍餅殼

60克 可可脂含量100%的可可塊（cacao pâte）（Valrhona）
150克 糖粉
150克 杏仁粉
0.25克 液狀胭脂紅（rouge carmin）食用色素
55克 + 55克 蛋白液（見「步驟圖解」）
43克 礦泉水
150克 細砂糖

LE BISCUIT MACARON NATURE 原味馬卡龍餅殼

150克 糖粉
150克 杏仁粉
55克 + 55克 蛋白液（見「步驟圖解」）
38克 礦泉水
150克 細砂糖

LA GANACHE AU BEURRE AU SEL FUMÉ 煙燻鹽奶油甘那許

75克 室溫回軟的煙燻鹽奶油（beurre au sel fumé）（Bordier）
340克 可可脂含量64%的孟加里（Manjari）黑巧克力（Valrhona）
300克 液狀法式鮮奶油（脂肪含量32至35%）

LA FINITION 最後加工

100克 可可粉（cacao en poudre）（Valrhona）

由法國聖馬洛市（Saint Malo）的奶油大師－尚依夫·柏迪耶（Jean-Yves Bordier）所創的煙燻鹽奶油帶給我靈感，先是打造了名爲「雲朵Nuage」的巧克力糖。這種奶油散發出胡椒和咖哩的煙燻香氣，爲這款馬卡龍提供難以置信的「煙燻」感和些許細緻的芳香。

前一天，製作巧克力馬卡龍餅殼。用鋸齒刀將可可塊切碎，以隔水加熱或微波的方式，將可可塊加熱至45℃/50℃，讓可可塊融化。將糖粉和杏仁粉過篩。在55克的蛋白中混入食用色素。倒入糖粉和杏仁粉的備料中，不要攪拌。

將礦泉水和砂糖煮沸至電子溫度計達118℃。當糖漿到達115℃時，開始將另外55克的蛋白以電動攪拌器打成蛋白霜。

將煮至118℃的糖漿淋在蛋白霜上。攪打冷卻至50℃。將一部分義式蛋白霜加進融化的可可塊中混合，再加入糖粉、杏仁粉和蛋白，以及剩餘的義式蛋白霜中拌匀，一邊拌匀，一邊爲麵糊排掉多餘空氣。全部倒入裝有11號平口擠花嘴的擠花袋中。

在鋪有烤盤紙的烤盤上，間隔2公分地擠出直徑約3.5公分的圓形麵糊。將烤盤朝鋪有廚房布巾的工作檯輕敲，讓餅狀麵糊稍微攤開。爲餅殼撒上過篩的可可粉。在室溫下靜置至少30分鐘，讓餅殼麵糊的表面結皮。

Mon travail c'est l'architecture du goût et des sensations, avec pour seul but le plaisir de celui qui goûte.

我的工作是建構美味和感官上的享受，
唯一的目的就是讓品嚐的人感到愉悅。

→ 製作原味馬卡龍餅殼。將糖粉和杏仁粉一起過篩。將55克的蛋白倒入糖粉和杏仁粉的備料中，不要攪拌。

將礦泉水和砂糖煮沸至電子溫度計達118℃。當糖漿到達115℃時，開始將另外55克的蛋白以電動攪拌器打成蛋白霜。

將煮至118℃的糖漿淋在蛋白霜上。攪打冷卻至50℃，然後將義式蛋白霜混入糖粉、杏仁粉和蛋白的備料中，一邊拌勻，一邊為麵糊排掉多餘空氣。全部倒入裝有11號平口擠花嘴的擠花袋中。

在鋪有烤盤紙的烤盤上，間隔2公分地擠出直徑約3.5公分的圓形麵糊。將烤盤朝鋪有廚房布巾的工作檯輕敲，讓餅狀麵糊稍微攤開。在室溫下靜置至少30分鐘，讓餅殼麵糊的表面結皮。

將旋風式烤箱預熱至180℃（熱度6）。將擺有巧克力和原味馬卡龍餅殼的烤盤放入烤箱。烘烤12分鐘，期間將烤箱門快速打開二次，讓濕氣散出。出爐後，將一片片的馬卡龍餅殼擺在工作檯上。

製作煙燻鹽奶油甘那許。將奶油切成小塊。用鋸齒刀將巧克力切碎。放入深缽盆中。將液狀法式鮮奶油煮沸，分三次倒入巧克力中，並從中央開始，慢慢朝外以繞圈的方式小心地攪拌。待甘那許降至50℃時，慢慢地混入塊狀奶油，以手持式電動攪拌棒將甘那許打至均勻。

將甘那許倒入焗烤盤中，將保鮮膜緊貼在甘那許的表面。冷藏保存2小時，直到甘那許變為乳霜狀。

將乳霜狀的甘那許放入裝有11號平口擠花嘴的擠花袋中。將巧克力馬卡龍的餅殼翻面放在烤盤紙上。將煙燻鹽奶油甘那許擠在餅殼上。蓋上原味馬卡龍的餅殼並輕輕按壓。

將馬卡龍冷藏保存24小時。在品嚐前2小時取出。

Macaron Jardin du maquis
灌木花園馬卡龍

在科西嘉島(Corse)
嚐到由艾倫·瓦倫蒂尼
(Alain Valentini)釀造的蜂蜜,
我興起了用它製作巧克力糖,
而後是馬卡龍的想法。
爲了強調科西嘉灌木
獨特而複雜的風味,
我使用兩種
較不苦的巧克力來搭配,
一種是吉瓦納牛奶巧克力,
另一種則是加勒比黑巧克力。

前一天,製作染色結晶糖。將烤箱預熱至60℃(熱度2)。戴上拋棄式手套,將食用金粉和結晶糖一起搓揉。將染色糖鋪在烤盤中,放入烤箱,烘乾30分鐘。保存在室溫下。

製作巧克力馬卡龍餅殼。用鋸齒刀將可可塊切碎,以隔水加熱或微波的方式,將可可塊加熱至45℃/50℃,讓可可塊融化。將糖粉和杏仁粉一起過篩。將食用色素混入55克的蛋白中。倒入糖粉和杏仁粉的備料中,不要攪拌。

約72顆馬卡龍
(約需144片餅殼)
準備:5 MIN(提前五天,見「步驟圖解」) + 1 H 30 MIN
烹調:約50 MIN
乾燥:2次30 MIN
冷藏:2 H + 24 H

LE SUCRE CRITALLISÉ TEINTÉ 染色結晶糖

2.5克 食用金粉(poudre d'or alimentaire)(PCB)
250克 粗粒結晶糖

LE BISCUIT MACARON CHOCOLAT 巧克力馬卡龍餅殼

60克 可可脂含量100%的可可塊(cacao pâte)(Valrhona)
150克 糖粉
150克 杏仁粉
0.25克 液狀胭脂紅(rouge carmin)食用色素
55克 + 55克 蛋白液(見「步驟圖解」)
43克 礦泉水
150克 細砂糖

LE BISCUIT MACARON MIEL 蜂蜜馬卡龍餅殼

150克 糖粉
150克 杏仁粉
1.5克 液狀檸檬黃(jaune citron)食用色素
55克 + 55克 蛋白液(見「步驟圖解」)
38克 礦泉水
150克 細砂糖

LA GANACHE AU MIEL DU MAQUIS 灌木蜂蜜甘那許

330克 可可脂含量66%的加勒比(Caraïbe)黑巧克力(Valrhona)
250克 可可脂含量40%的吉瓦納(Jivara)牛奶巧克力(Valrhona)
120克 灌木春蜜(miel du maquis de printemps)(Alain Valentini Corse)
240克 液狀法式鮮奶油(脂肪含量32至35%)

→ 將礦泉水和砂糖煮沸至電子溫度計達118℃。當糖漿到達115℃時，開始將另外55克的蛋白以電動攪拌器打成蛋白霜。

將煮至118℃的糖漿淋在蛋白霜上。攪打冷卻至50℃。將一部分義式蛋白霜加進融化的可可塊中混合，再加入糖粉、杏仁粉和蛋白，以及剩餘的義式蛋白霜中拌勻，一邊拌勻，一邊爲麵糊排掉多餘空氣。全部倒入裝有11號平口擠花嘴的擠花袋中。

在鋪有烤盤紙的烤盤上，間隔2公分地擠出直徑約3.5公分的圓形麵糊。將烤盤朝鋪有廚房布巾的工作檯輕敲，讓餅狀麵糊稍微攤開。在室溫下靜置至少30分鐘，讓餅殼麵糊的表面結皮。

製作蜂蜜馬卡龍餅殼。將糖粉和杏仁粉一起過篩。將食用色素混入55克的蛋白中。倒入糖粉和杏仁粉的備料中，不要攪拌。

將礦泉水和砂糖煮沸至電子溫度計達118℃。當糖漿到達115℃時，開始將另外55克的蛋白以電動攪拌器打成蛋白霜。

將煮至118℃的糖漿淋在蛋白霜上。攪打冷卻至50℃，然後將義式蛋白霜混入糖粉、杏仁粉和蛋白的備料中，一邊拌勻，一邊爲麵糊排掉多餘空氣。全部倒入裝有11號平口擠花嘴的擠花袋中。

在鋪有烤盤紙的烤盤上，間隔2公分地擠出直徑約3.5公分的圓形麵糊。將烤盤朝鋪有廚房布巾的工作檯輕敲，讓餅狀麵糊稍微攤開。爲餅殼撒上染色糖，在室溫下靜置至少30分鐘，讓餅殼麵糊的表面結皮。

將旋風式烤箱預熱至180℃（熱度6）。將擺有巧克力和蜂蜜馬卡龍餅殼的烤盤放入烤箱。烘烤12分鐘，期間將烤箱門快速打開二次，讓濕氣散出。出爐後，將一片片的馬卡龍餅殼擺在工作檯上。

製作灌木蜂蜜甘那許。用鋸齒刀將黑巧克力和牛奶巧克力切碎，以隔水加熱或微波的方式，將巧克力加熱至45℃/50℃，讓巧克力融化。將蜂蜜加熱至45℃/50℃。將液狀法式鮮奶油煮沸，接著分三次倒入融化的巧克力中，並從中央開始，慢慢朝外以繞圈的方式小心地攪拌。混入熱蜂蜜並加以攪拌，以手持式電動攪拌棒將甘那許打至均勻。

將甘那許倒入焗烤盤中，將保鮮膜緊貼在甘那許的表面。冷藏保存2小時，直到甘那許變爲乳霜狀。

將乳霜狀的灌木蜂蜜甘那許放入裝有11號平口擠花嘴的擠花袋中。將巧克力馬卡龍的餅殼翻面放在烤盤紙上，平坦面朝上。將灌木蜂蜜甘那許擠在餅殼上，蓋上蜂蜜馬卡龍的餅殼並輕輕按壓。

將馬卡龍冷藏保存24小時。在品嚐前2小時取出。

約72顆馬卡龍
(約需144片餅殼)
準備:5 MIN(提前五天，見「步驟圖解」)
+10 MIN(前二天)+1 H 30 MIN
烹調：約50 MIN
乾燥：2次30 MIN
冷藏：2 H + 24 H

Macaron Jardin de Lou

盧園馬卡龍

LA GARNITURE 夾餡

180克 糖漬薑丁（gingembre confit au sucre en cube）（食品專賣店）

LE SUCRE CRISTALLISÉ TEINTÉ 染色結晶糖

20克 薑粉（poudre de gingembre）（Thiercelin）
250克 粗粒結晶糖（sucre cristallisé）

LE BISCUIT MACARON CHOCOLAT 巧克力馬卡龍餅殼

150克 糖粉
150克 杏仁粉
60克 可可脂含量100%的可可塊（cacao pâte）（Valrhona）
0.25克 液狀胭脂紅（rouge carmin）食用色素
55克 + 55克 蛋白液（見「步驟圖解」）
43克 礦泉水
150克 細砂糖

LE BISCUIT MACARON NATURE 原味馬卡龍餅殼

150克 糖粉
150克 杏仁粉
55克 + 55克 蛋白液（見「步驟圖解」）
38克 礦泉水
150克 細砂糖

LA GANACHE AU CHOCOLAT ET GINGEMBRE 生薑巧克力甘那許

475克 可可脂含量40%的吉瓦納（Jivara）牛奶巧克力（Valrhona）
30克 新鮮生薑
225克 液狀法式鮮奶油（脂肪含量32至35%）
15克 室溫軟化的半鹽奶油（beurre demi-sel）(Viette)

一款圓潤甜美的馬卡龍，內餡是帶有可口乳香和焦糖風味的牛奶巧克力甘那許，再加上糖漬薑塊的辛辣而顯得味道鮮明。

前二天，製作夾餡。用溫水沖洗糖漬薑丁3分鐘，擺在網架上瀝乾至隔天。

前一天，製作染色結晶糖。將烤箱預熱至60℃（熱度2）。戴上拋棄式手套，將薑粉和結晶糖一起搓揉。將調味糖鋪在烤盤中，放入烤箱，烘乾30分鐘。保存在室溫下。

製作巧克力馬卡龍餅殼。用鋸齒刀將可可塊切碎，以隔水加熱或微波的方式，將可可塊加熱至45℃/50℃，讓可可塊融化。將糖粉和杏仁粉一起過篩。將食用色素混入55克的蛋白中。倒入糖粉和杏仁粉的備料中，不要攪拌。

→ 將礦泉水和砂糖煮沸至電子溫度計達118℃。當糖漿到達115℃時，開始將另外55克的蛋白以電動攪拌器打成蛋白霜。

將煮至118℃的糖漿淋在蛋白霜上。攪打冷卻至50℃。將一部分義式蛋白霜加進融化的可可塊中混合，再加入糖粉、杏仁粉和蛋白，以及剩餘的義式蛋白霜中拌勻，一邊拌勻，一邊爲麵糊排掉多餘空氣。全部倒入裝有11號平口擠花嘴的擠花袋中。

在鋪有烤盤紙的烤盤上，間隔2公分地擠出直徑約3.5公分的圓形麵糊。將烤盤朝鋪有廚房布巾的工作檯輕敲，讓餅狀麵糊稍微攤開。在室溫下靜置至少30分鐘，讓餅殼麵糊的表面結皮。

製作原味馬卡龍餅殼。將糖粉和杏仁粉一起過篩。將55克的蛋白倒入糖粉和杏仁粉的備料中，不要攪拌。

將礦泉水和砂糖煮沸至電子溫度計達118℃。當糖漿到達115℃時，開始將另外55克的蛋白以電動攪拌器打成蛋白霜。

將煮至118℃的糖漿淋在蛋白霜上。攪打冷卻至50℃，然後將義式蛋白霜混入糖粉、杏仁粉和蛋白的備料中，一邊拌勻，一邊爲麵糊排掉多餘空氣。全部倒入裝有11號平口擠花嘴的擠花袋中。

在鋪有烤盤紙的烤盤上，間隔2公分地擠出直徑約3.5公分的圓形麵糊。將烤盤朝鋪有廚房布巾的工作檯輕敲，讓餅狀麵糊稍微攤開。爲餅狀麵糊撒上染色結晶糖，在室溫下靜置至少30分鐘，讓餅殼麵糊的表面結皮。

將旋風式烤箱預熱至180℃(熱度6)。將擺有巧克力和原味馬卡龍的烤盤放入烤箱。烘烤12分鐘，期間將烤箱門快速打開二次，讓濕氣散出。出爐後，將一片片的馬卡龍餅殼擺在工作檯上。

製作生薑巧克力甘那許。用鋸齒刀將巧克力切碎，以隔水加熱或微波的方式，將巧克力加熱至45℃/50℃，讓巧克力融化。將生薑去皮，接著在液狀法式鮮奶油上方將生薑刨成碎末。煮沸後分三次倒入巧克力中，並從中央開始，慢慢朝外以繞圈的方式小心地攪拌。待甘那許降至50℃時，慢慢地混入半鹽奶油，以手持式電動攪拌棒將甘那許打至均勻。

將甘那許倒入焗烤盤中，將保鮮膜緊貼在甘那許的表面。冷藏保存2小時，直到甘那許變爲乳霜狀。

將乳霜狀的生薑巧克力甘那許放入裝有11號平口擠花嘴的擠花袋中。將巧克力馬卡龍的餅殼翻面放在烤盤紙上，平坦面朝上。將生薑巧克力甘那許擠在餅殼上，在中央輕輕插入四至五塊糖漬薑丁，再擠上一點生薑巧克力甘那許。蓋上原味馬卡龍的餅殼並輕輕按壓。

將馬卡龍冷藏保存24小時。在品嚐前2小時取出。

約72顆馬卡龍
（約需144片餅殼）
準備：5 MIN（提前五天，見「步驟圖解」）+ 2 H
烹調：約2 H + 30 MIN + 20 MIN
浸泡：30 MIN
乾燥：2次30 MIN
冷藏：12 H + 24 H

LA GARNITURE 夾餡

200克 新鮮覆盆子或40克 覆盆子乾

LE SUCRE CRISTALLISÉ TEINTÉ 染色結晶糖

2.5克 液狀草莓紅（rouge fraise）食用色素
250克 粗粒結晶糖（sucre cristallisé）

LE BISCUIT MACARON VERT
綠色馬卡龍餅殼

150克 糖粉
150克 杏仁粉
3克 液狀檸檬黃（jaune citron）食用色素
1克 液狀開心果綠（vert pistache）食用色素
55克 + 55克 蛋白液（見「步驟圖解」）
38克 礦泉水
150克 細砂糖

LE BISCUIT MACARON BEIGE
米色馬卡龍餅殼

150克 糖粉
150克 杏仁粉
55克 + 55克 蛋白液（見「步驟圖解」）
38克 礦泉水
150克 細砂糖

LA CRÈME AU CITRON VERT ET AU PIMENT D'ESPELETTE
艾斯伯雷紅椒青檸內餡

400克 可可脂含量35%的白巧克力（Valrhona Ivoire）
320克 液狀法式鮮奶油（脂肪含量32至35%）
8克 青檸皮
4克 艾斯伯雷紅椒（piment d'Espelette）
40克 青檸汁

Macaron Jardin enchanté

魔法花園馬卡龍

魔法花園是2011年我所設計「Jardin花園」系列的第一款馬卡龍。結合了青檸皮和青檸汁的酸甜，以及艾斯伯雷紅椒鮮明的辛香來製作內餡。我再將這帶有溫暖味道的內餡中央，夾進充滿果香與酸味的覆盆子。

前一天，將烤箱預熱至90℃（熱度3）。將覆盆子鋪在裝有烤盤紙的烤盤上，放入烤箱。烘乾2小時，每30分鐘就翻動一次。放涼後保存在密封罐中，直到爲馬卡龍夾餡的時刻。

製作染色結晶糖。將烤箱預熱至60℃（熱度2）。戴上拋棄式手套，將食用色素和結晶糖一起搓揉。將染色糖鋪在烤盤中，放入烤箱，烘乾30分鐘。保存在室溫下。

→ 製作綠色馬卡龍餅殼。將糖粉和杏仁粉一起過篩。將食用色素混入55克的蛋白中。倒入糖粉和杏仁粉的備料中，不要攪拌。

將礦泉水和砂糖煮沸至電子溫度計達118℃。當糖漿到達115℃時，開始將另外55克的蛋白以電動攪拌器打成蛋白霜。

將煮至118℃的糖漿淋在蛋白霜上。攪打冷卻至50℃，然後混入糖粉、杏仁粉和蛋白的備料中，一邊拌勻，一邊爲麵糊排掉多餘空氣。全部倒入裝有11號平口擠花嘴的擠花袋中。

在鋪有烤盤紙的烤盤上，間隔2公分地擠出直徑約3.5公分的圓形麵糊。將烤盤朝鋪有廚房布巾的工作檯輕敲，讓餅狀麵糊稍微攤開。在室溫下靜置至少30分鐘，讓餅殼麵糊的表面結皮。

製作米色馬卡龍餅殼。將糖粉和杏仁粉一起過篩。將55克的蛋白倒入糖粉和杏仁粉的備料中，不要攪拌。

將礦泉水和砂糖煮沸至電子溫度計達118℃。當糖漿到達115℃時，開始將另外55克的蛋白以電動攪拌器打成蛋白霜。

將煮至118℃的糖漿淋在蛋白霜上。攪打冷卻至50℃，然後將義式蛋白霜混入糖粉、杏仁粉和蛋白的備料中，一邊拌勻，一邊爲麵糊排掉多餘空氣。全部倒入裝有11號平口擠花嘴的擠花袋中。

在鋪有烤盤紙的烤盤上，間隔2公分地擠出直徑約3.5公分的圓形麵糊。將烤盤朝鋪有廚房布巾的工作檯輕敲，讓餅狀麵糊稍微攤開。爲餅殼撒上染色結晶糖，在室溫下靜置至少30分鐘，讓餅殼麵糊的表面結皮。

將旋風式烤箱預熱至180℃（熱度6）。將擺有綠色和米色馬卡龍餅殼的烤盤放入烤箱。烘烤12分鐘，期間將烤箱門快速打開二次，讓濕氣散出。出爐後，將一片片的馬卡龍餅殼擺在工作檯上。

製作艾斯伯雷紅椒青檸內餡。用鋸齒刀將巧克力切碎，以隔水加熱或微波的方式，將巧克力加熱至45℃/50℃，讓巧克力融化。將液狀法式鮮奶油煮沸。離火後加入用Microplane刨刀刨下的青檸皮和艾斯伯雷紅椒，將平底深鍋加蓋浸泡30分鐘。將浸泡過的鮮奶油再度加熱，接著分三次倒入融化的巧克力中，並從中央開始，慢慢朝外以繞圈的方式小心地攪拌。將青檸汁煮沸倒入內餡中。以手持式電動攪拌棒將內餡打至均勻。

將艾斯伯雷紅椒青檸內餡倒入焗烤盤中，將保鮮膜緊貼在表面。冷藏保存12小時，直到奶油醬變得滑順。

將滑順的艾斯伯雷紅椒青檸內餡倒入裝有11號平口擠花嘴的擠花袋中。將綠色馬卡龍的餅殼翻面放在烤盤紙上，平坦面朝上。將艾斯伯雷紅椒青檸內餡擠在餅殼上，接著在中央輕輕插入一塊覆盆子乾。蓋上米色馬卡龍的餅殼並輕輕按壓。

將馬卡龍冷藏保存24小時。在品嚐前2小時取出。

Macaron Jardin japonais

日式庭園馬卡龍

我的概念是重建日本櫻桃樹的花香味，這樣的味道在日本多用於鹹味的菜餚。因此我結合了酸櫻桃的酸味，和少許帶有強烈杏仁和新鮮切下牧草香的零陵香豆，再用一點黃檸檬的酸來提味。

前一天，製作櫻桃紅馬卡龍餅殼。將糖粉和杏仁粉過篩。在55克的蛋白中混入食用色素。全部倒入糖粉和杏仁粉的備料中，不要攪拌。

將礦泉水和砂糖煮沸至電子溫度計達118℃。當糖漿到達115℃時，開始將另外55克的蛋白以電動攪拌器打成蛋白霜。

將煮至118℃的糖漿淋在蛋白霜上。攪打冷卻至50℃，然後將義式蛋白霜混入糖粉、杏仁粉和蛋白的備料中，一邊拌勻，一邊爲麵糊排掉多餘空氣。全部倒入裝有11號平口擠花嘴的擠花袋中。

約72顆馬卡龍
（約需144片餅殼）
準備：5 MIN（提前五天，見「步驟圖解」）+ 1 H 30 MIN
烹調：約20 MIN
浸泡：20 MIN
乾燥：2次30 MIN
冷藏：4 H + 24 H

LE BISCUIT MACARON ROUGE CERISE
櫻桃紅馬卡龍餅殼

150克 糖粉
150克 杏仁粉
2克 液狀胭脂紅（rouge carmin）食用色素
1滴 液狀碳黑（noir charbon）食用色素
55克 + 55克 蛋白液（見「步驟圖解」）
38克 礦泉水
150克 細砂糖

LE BISCUIT MACARON NATURE
原味馬卡龍餅殼

150克 糖粉
150克 杏仁粉
55克 + 55克 蛋白液（見「步驟圖解」）
38克 礦泉水
150克 細砂糖

LA CRÈME GRIOTTE, CITRON ET FÈVE TONKA
檸檬零陵香豆酸櫻桃內餡

415克 可可脂含量35%的白巧克力（Valrhona Ivoire）
35克 可可脂（beurre de cacao）（Valrhona）
135克 液狀法式鮮奶油（脂肪含量32至35%）
1.5克 黃檸檬皮
1克 零陵香豆粉（fève Tonka râpée）（Thiercelin）
400克 新鮮酸櫻桃（griotte）（以取得**250克** 的酸櫻桃泥）
50克 黃檸檬汁

LA FINITION 最後加工

食用紅色亮粉（Poudre alimentaire rouge scintillant）（PCB）

→ 在鋪有烤盤紙的烤盤上，間隔2公分地擠出直徑約3.5公分的圓形麵糊。將烤盤朝鋪有廚房布巾的工作檯輕敲，讓餅狀麵糊稍微攤開。為餅殼撒上少許食用紅色亮粉。在室溫下靜置至少30分鐘，讓餅殼麵糊的表面結皮。

製作原味馬卡龍餅殼。將糖粉和杏仁粉一起過篩。將55克的蛋白倒入糖粉和杏仁粉的備料中，不要攪拌。

將礦泉水和砂糖煮沸至電子溫度計達118℃。當糖漿到達115℃時，開始將另外55克的蛋白以電動攪拌器打成蛋白霜。

將煮至118℃的糖漿淋在蛋白霜上。攪打冷卻至50℃，然後將義式蛋白霜混入糖粉、杏仁粉和蛋白的備料中，一邊拌勻，一邊為麵糊排掉多餘空氣。全部倒入裝有11號平口擠花嘴的擠花袋中。

在鋪有烤盤紙的烤盤上，間隔2公分地擠出直徑約3.5公分的圓形麵糊。將烤盤朝鋪有廚房布巾的工作檯輕敲，讓餅狀麵糊稍微攤開。爲餅殼輕撒上少許食用紅色亮粉。在室溫下靜置至少30分鐘，讓餅殼麵糊的表面結皮。

將旋風式烤箱預熱至180℃(熱度6)。將擺有原味和櫻桃紅馬卡龍餅殼的烤盤放入烤箱。烘烤12分鐘，期間將烤箱門快速打開二次，讓濕氣散出。出爐後，將一片片的馬卡龍餅殼擺在工作檯上。

製作檸檬零陵香豆酸櫻桃內餡。用鋸齒刀將巧克力和可可脂切碎，以隔水加熱或微波的方式，將巧克力和可可脂加熱至45℃/50℃，讓巧克力和可可脂融化。將液狀法式鮮奶油連同黃檸檬皮和零陵香豆粉一起煮沸。離火，將平底深鍋加蓋浸泡20分鐘。將浸泡過的鮮奶油過濾，並再度加熱，接著分三次倒入融化的巧克力和可可脂中，並從中央開始，慢慢朝外以繞圈的方式小心地攪拌。將酸櫻桃泥和黃檸檬汁一起加熱至約60℃後加入，接著加以攪拌。以手持式電動攪拌棒將內餡打至均勻。

將檸檬零陵香豆酸櫻桃內餡倒入焗烤盤中，將保鮮膜緊貼在表面。冷藏保存4小時，直到檸檬零陵香豆酸櫻桃內餡變得滑順。

將滑順的檸檬零陵香豆酸櫻桃內餡倒入裝有11號平口擠花嘴的擠花袋中。將櫻桃紅馬卡龍的餅殼翻面放在烤盤紙上，平坦面朝上，將檸檬零陵香豆酸櫻桃內餡擠在餅殼上。蓋上原味馬卡龍的餅殼並輕輕按壓。

將馬卡龍冷藏保存24小時。在品嚐前2小時取出。

約72顆馬卡龍
（約需144片餅殼）
準備：5 MIN（提前五天，見「步驟圖解」）+ 1 H 30 MIN
烹調：約45 MIN
乾燥：2次30 MIN
冷藏：4 H + 24 H

Macaron Jardin merveilleux

奇異花園馬卡龍

自從和著名法國香水品牌蘿莎（Rochas）的調香師尚-米歇爾·杜希耶（Jean Michel Duriez）交流以來，我便開始將黃瓜汁和精緻的柑橘橄欖油相結合。這款馬卡龍的味道重新詮釋出香水目錄中的海洋香氣（note marine）。

○

LE BISCUIT MACARON VERT CONCOMBRE
黃瓜綠馬卡龍餅殼

150克 糖粉
150克 杏仁粉
0.5克 液狀檸檬黃（jaune citron）食用色素
0.35克 液狀開心果綠（vert pistache）食用色素
55克 + 55克 蛋白液（見「步驟圖解」）
43克 礦泉水
150克 細砂糖

○○

LE BISCUIT MACARON MANDARINE
柑橘馬卡龍餅殼

150克 糖粉
150克 杏仁粉
3.5克 液狀檸檬黃（jaune citron）食用色素
1克 液狀草莓紅（rouge fraise）食用色素
55克 + 55克 蛋白液（見「步驟圖解」）
38克 礦泉水
150克 細砂糖

○○○

L'EAU DE CONCOMBRE
黃瓜汁

300克 黃瓜（concombre）

○○○○

LA CRÈME À L'HUILE D'OLIVE À LA MANDARINE ET À L'EAU DE CONCOMBRE
柑橘橄欖油黃瓜汁內餡

400克 可可脂含量35%的白巧克力（Valrhona Ivoire）
85克 液狀法式鮮奶油（脂肪含量32至35%）
85克 黃瓜汁
250克 柑橘橄欖油（Première Pression Provence）

前一天，製作黃瓜綠馬卡龍餅殼。將糖粉和杏仁粉過篩。在55克的蛋白中混入食用色素。全部倒入糖粉和杏仁粉的備料中，不要攪拌。

將礦泉水和砂糖煮沸至電子溫度計達118℃。當糖漿到達115℃時，開始將另外55克的蛋白以電動攪拌器打成蛋白霜。

將煮至118℃的糖漿淋在蛋白霜上。攪打冷卻至50℃，然後將義式蛋白霜混入糖粉、杏仁粉和蛋白的備料中，一邊拌勻，一邊爲麵糊排掉多餘空氣。全部倒入裝有11號平口擠花嘴的擠花袋中。

在鋪有烤盤紙的烤盤上，間隔2公分地擠出直徑約3.5公分的圓形麵糊。將烤盤朝鋪有廚房布巾的工作檯輕敲，讓餅狀麵糊稍微攤開。在室溫下靜置至少30分鐘，讓餅殼麵糊的表面結皮。

C'est en gourmand que je pratique mon art.

我將所習技藝化爲美食。

→ 製作柑橘馬卡龍餅殼。將糖粉和杏仁粉過篩。在55克的蛋白中混入食用色素。全部倒入糖粉和杏仁粉的備料中，不要攪拌。將礦泉水和砂糖煮沸至電子溫度計達118°C。當糖漿到達115°C時，開始將另外55克的蛋白以電動攪拌器打成蛋白霜。

將煮至118°C的糖漿淋在蛋白霜上。攪打冷卻至50°C，然後將義式蛋白霜混入糖粉、杏仁粉和蛋白的備料中，一邊拌匀，一邊爲麵糊排掉多餘空氣。全部倒入裝有11號平口擠花嘴的擠花袋中。

在鋪有烤盤紙的烤盤上，間隔2公分地擠出直徑約3.5公分的圓形麵糊。將烤盤朝鋪有廚房布巾的工作檯輕敲，讓餅狀麵糊稍微攤開。在室溫下靜置至少30分鐘，讓餅殼麵糊的表面結皮。

將旋風式烤箱預熱至180°C（熱度6）。將擺有黃瓜綠和柑橘馬卡龍餅殼的烤盤放入烤箱。烘烤12分鐘，期間將烤箱門快速打開二次，讓濕氣散出。出爐後，將一片片的馬卡龍餅殼擺在工作檯上。

製作黃瓜汁。將黃瓜削皮並去籽。用蔬果榨汁機榨出汁。您應獲得85克的黃瓜汁。

製作柑橘橄欖油黃瓜汁內餡。用鋸齒刀將巧克力切碎，以隔水加熱或微波的方式，將巧克力加熱至45°C/50°C，讓巧克力融化。將液狀法式鮮奶油和黃瓜汁煮沸，分三次倒入融化的巧克力中，並從中央開始，慢慢朝外以繞圈的方式小心地攪拌。當溫度降至50°C以下時，分三次加入柑橘橄欖油。以手持式電動攪拌棒將柑橘橄欖油黃瓜汁內餡打至均勻。

將柑橘橄欖油黃瓜汁內餡倒入焗烤盤中，將保鮮膜緊貼在表面。冷藏保存4小時，直到內餡變得滑順。

將滑順的柑橘橄欖油黃瓜汁內餡倒入裝有11號平口擠花嘴的擠花袋中。將黃瓜綠馬卡龍的餅殼翻面放在烤盤紙上，將柑橘橄欖油黃瓜汁內餡擠在餅殼上。蓋上柑橘馬卡龍的餅殼並輕輕按壓。

將馬卡龍冷藏保存24小時。在品嚐前2小時取出。

Macaron Jardin pamplemousse

葡萄柚園馬卡龍

這款馬卡龍是「Jardin花園」系列的第二項作品。我想用丁香和肉荳蔻調味，打造微妙的葡萄柚氣息。而靈感來自我熟悉的Hermès愛馬仕香水：「葡萄柚精萃Concentré de pamplemousse」。

約72顆馬卡龍
（約需144片餅殼）
準備：5 MIN(提前五天，見「步驟圖解」)＋40 MIN(前二天)＋1 H 30 MIN
烹調：1 H 35 MIN(前二天)＋約30 MIN
浸漬時間：24 H(前二天)
浸泡：15 MIN
乾燥：2次30 MIN
冷藏：6 H＋2次24 H

LES PAMPLEMOUSSES CONFITS
糖漬葡萄柚

2顆 未經加工處理的葡萄柚
1公升 水
10粒 研磨罐裝砂勞越黑胡椒
500克 細砂糖
4大匙 黃檸檬汁
1顆 八角
1根 香草莢

LE BISCUIT MACARON ORANGÉ
橘色馬卡龍餅殼

150克 糖粉
150克 杏仁粉
3.5克 液狀檸檬黃（jaune citron）食用色素
1克 液狀草莓紅（rouge fraise）食用色素
55克＋55克 蛋白液（見「步驟圖解」）
38克 礦泉水
150克 細砂糖

LE BISCUIT MACARON PAMPLEMOUSSE
葡萄柚馬卡龍餅殼

150克 糖粉
150克 杏仁粉
2.5克 液狀檸檬黃食用色素
1.5克 液狀草莓紅食用色素
1.5克 液狀胭脂紅（rouge carmin）食用色素
55克＋55克 蛋白液（見「步驟圖解」）
38克 礦泉水
150克 細砂糖

LA CRÈME PAMPLEMOUSSE, CLOU DE GIROFLE ET NOIX DE MUSCADE
肉荳蔻丁香葡萄柚內餡

480克 可可脂含量35%的白巧克力（Valrhona Ivoire）
5克 葡萄柚皮
235克 葡萄柚汁
35克 黃檸檬汁
1.2克 丁香粉（clous de girofle en poudre）（Thiercelin）
0.3克 整顆肉荳蔻磨成的粉（noix de muscade entière râpée）（Thiercelin）

前二天，製作糖漬葡萄柚。清洗葡萄柚並晾乾。將兩端切去。用刀從頂部往底部縱削，將葡萄柚的果皮大片地削下，不削到果肉。

將削下的葡萄柚皮放入裝有沸水的平底深鍋中。當水再度煮沸，續滾2分鐘後將果皮瀝乾。放入冷水中冰鎮。再重複同樣煮沸、續滾、冰鎮的步驟二次。將葡萄柚皮瀝乾。

將砂勞越黑胡椒磨碎，和水、細砂糖、黃檸檬汁、八角和剖成兩半並去籽的香草莢一起放入平底深鍋中，以文火煮沸。加入葡萄柚皮。將平底深鍋的鍋蓋蓋上3/4。以文火微滾煮1小時30分鐘。

將果皮和糖漿倒入深缽盆中，放涼。加蓋並冷藏浸漬至隔天。

前一天，將糖漬葡萄柚放在置於深缽盆上的網篩中瀝乾。然後切成3公釐的小丁。

→ 製作橘色馬卡龍餅殼。將糖粉和杏仁粉過篩。在55克的蛋白中混入食用色素。全部倒入糖粉和杏仁粉的備料中，不要攪拌。

將礦泉水和砂糖煮沸至電子溫度計達118℃。當糖漿到達115℃時，開始將另外55克的蛋白以電動攪拌器打成蛋白霜。

將煮至118℃的糖漿淋在蛋白霜上。攪打冷卻至50℃，然後將義式蛋白霜混入糖粉、杏仁粉和蛋白的備料中，一邊拌勻，一邊爲麵糊排掉多餘空氣。全部倒入裝有11號平口擠花嘴的擠花袋中。

在鋪有烤盤紙的烤盤上，間隔2公分地擠出直徑約3.5公分的圓形麵糊。將烤盤朝鋪有廚房布巾的工作檯輕敲，讓餅狀麵糊稍微攤開。在室溫下靜置至少30分鐘，讓餅殼麵糊的表面結皮。

製作葡萄柚馬卡龍餅殼。將糖粉和杏仁粉一起過篩。在55克的蛋白中混入食用色素。倒入糖粉和杏仁粉的備料中，不要攪拌。

將礦泉水和砂糖煮沸至電子溫度計達118°C。當糖漿到達115°C時，開始將另外55克的蛋白以電動攪拌器打成蛋白霜。

將煮至118°C的糖漿淋在蛋白霜上。攪打冷卻至50°C，然後將義式蛋白霜混入糖粉、杏仁粉和蛋白的備料中，一邊拌勻，一邊爲麵糊排掉多餘空氣。全部倒入裝有11號平口擠花嘴的擠花袋中。

在鋪有烤盤紙的烤盤上，間隔2公分地擠出直徑約3.5公分的圓形麵糊。將烤盤朝鋪有廚房布巾的工作檯輕敲，讓餅狀麵糊稍微攤開。在室溫下靜置至少30分鐘，讓餅殼麵糊的表面結皮。

將旋風式烤箱預熱至180°C（熱度6）。將擺有橘色馬卡龍和葡萄柚馬卡龍餅殼的烤盤放入烤箱。烘烤12分鐘，期間將烤箱門快速打開二次，讓濕氣散出。出爐後，將一片片的馬卡龍餅殼擺在工作檯上。

製作肉荳蔻丁香葡萄柚內餡。用鋸齒刀將巧克力切碎，以隔水加熱或微波的方式，將巧克力加熱至45°C/50°C，讓巧克力融化。清洗葡萄柚並晾乾，用Microplane刨刀削皮。將葡萄柚汁、檸檬汁、葡萄柚皮、丁香粉和肉荳蔻粉加熱至60°C，離火，加蓋浸泡15分鐘，接著全部分三次倒入融化的巧克力中，並從中央開始，慢慢朝外以繞圈的方式小心地攪拌。以手持式電動攪拌棒將內餡打至均勻。

將肉荳蔻丁香葡萄柚內餡倒入焗烤盤中，將保鮮膜緊貼在表面。冷藏保存6小時，直到內餡變得滑順。

將滑順的肉荳蔻丁香葡萄柚內餡倒入裝有11號平口擠花嘴的擠花袋中。將橘色馬卡龍的餅殼翻面放在烤盤紙上。將肉荳蔻丁香葡萄柚內餡擠在餅殼上，在中央輕輕插入三塊糖漬葡萄柚丁，再擠上一點肉荳蔻丁香葡萄柚內餡。蓋上葡萄柚馬卡龍的餅殼並輕輕按壓。

將馬卡龍冷藏保存24小時。在品嚐前2小時取出。

Macaron
Jardin potager
蔬菜園馬卡龍

*這款馬卡龍的秘訣，
就如同酒保在調製雞尾酒。
混合各種蔬菜園內的
新鮮風味，搭配芝麻葉、
薄荷、青蘋果和黃瓜，
再用白色蘭姆酒、龍舌蘭和
青檸檬加以調味。*

前二天，製作馬卡龍的最後裝飾。在深缽盆中將加沃特薄酥餅弄碎，撒上綠色亮粉，輕輕地混合。鋪在烤盤上，在室溫下乾燥至隔天。

一樣在前二天，製作蔬果汁。將蘋果和黃瓜削皮，切成兩半，去掉蘋果的籽和內膜以及黃瓜的籽。用蔬果榨汁機將蘋果榨成泥，接著黃瓜也以同樣方式進行，榨成200克的黃瓜汁。立刻用食物料理機攪打蘋果泥、檸檬皮、薄荷葉和芝麻葉，接著混入檸檬汁和黃瓜汁、白蘭姆酒和龍舌蘭。攪打後加以煮沸。

→

約72顆馬卡龍
（約需144片餅殼）
準備：5 MIN（提前五天，見「步驟圖解」）+ 40 MIN（前二天）+ 1 H 30 MIN
烹調：數分鐘（前二天）+ 約12 MIN
乾燥：2次30 MIN
冷藏：2次24 H

LE DÉCOR 裝飾

100克 加沃特薄酥餅
5克 食用綠色亮粉（poudre vert scintillant）（PCB）

LE JUS DU POTAGER
蔬果汁

450克 青蘋果（以取得300克的果泥）
300克 黃瓜（以取得200克的汁）
1克 青檸皮
6克 薄荷葉（feuille de menthe）
4克 芝麻葉（feuille de roquette）
80克 青檸汁
10克 白蘭姆酒（Rhum blanc agricole）（Clément）
30克 龍舌蘭（Tequila）

LA CRÈME DU JARDIN DU POTAGER
蔬菜園內餡

25克 可可脂（beurre de cacao）（Valrhona）
450克 可可脂含量35%的白巧克力（Valrhona Ivoire）
430克 蔬果汁
25克 地中海酸優格粉（yaourt acide méditerranéen en poudre）（Sosa）

LE BISCUIT MACARON VERT
綠色馬卡龍餅殼

150克 糖粉
150克 杏仁粉
2克 液狀開心果綠（vert pistache）食用色素
55克 + 55克 蛋白液（見「步驟圖解」）
38克 礦泉水
150克 細砂糖

LE BISCUIT MACARON BLANC
白色馬卡龍餅殼

150克 糖粉
150克 杏仁粉
8克 鈦白粉（poudre d'oxyde de titane）+ **4克** 溫水
55克 + 55克 蛋白液（見「步驟圖解」）
38克 礦泉水
150克 細砂糖

→ 製作蔬菜園內餡。用鋸齒刀將可可脂切碎，以隔水加熱或微波的方式，將可可脂加熱至45℃/50℃，讓可可脂融化。加入切碎但沒有融化的白巧克力。將蔬果汁分三次倒入可可脂和白巧克力的混合物中，並從中央開始，慢慢朝外以繞圈的方式小心地攪拌。加入優格粉，接著以手持式電動攪拌棒將內餡打至均勻。

將蔬菜園內餡倒入焗烤盤中，將保鮮膜緊貼在表面。冷藏保存至隔天。

前一天，製作綠色馬卡龍餅殼。將糖粉和杏仁粉一起過篩。在55克的蛋白中混入食用色素。全部倒入糖粉和杏仁粉的備料中，不要攪拌。

將礦泉水和砂糖煮沸至電子溫度計達118℃。當糖漿到達115℃時，開始將另外55克的蛋白以電動攪拌器打成蛋白霜。

將煮至118℃的糖漿淋在蛋白霜上。攪打冷卻至50℃，然後將混合物混入糖粉、杏仁粉和蛋白的備料中，一邊拌勻，一邊爲麵糊排掉多餘空氣。全部倒入裝有11號平口擠花嘴的擠花袋中。

在鋪有烤盤紙的烤盤上，間隔2公分地擠出直徑約3.5公分的圓形麵糊。將烤盤朝鋪有廚房布巾的工作檯輕敲，讓餅狀麵糊稍微攤開。在室溫下靜置至少30分鐘，讓餅殼麵糊的表面結皮。

製作白色馬卡龍餅殼。將糖粉和杏仁粉一起過篩。將鈦白粉放入溫水中稀釋，並混入55克的蛋白中。全部倒入糖粉和杏仁粉的備料中，不要攪拌。

將礦泉水和砂糖煮沸至電子溫度計達118℃。當糖漿到達115℃時，開始將另外55克的蛋白以電動攪拌器打成蛋白霜。

將煮至118℃的糖漿淋在蛋白霜上。攪打冷卻至50℃，然後混入糖粉、杏仁粉和蛋白的備料中，一邊拌勻，一邊爲麵糊排掉多餘空氣。全部倒入裝有11號平口擠花嘴的擠花袋中。

在鋪有烤盤紙的烤盤上，間隔2公分地擠出直徑約3.5公分的圓形麵糊。將烤盤朝鋪有廚房布巾的工作檯輕敲，讓餅狀麵糊稍微攤開。爲餅殼撒上染色的加沃特薄酥餅碎片。在室溫下靜置至少30分鐘，讓餅殼麵糊的表面結皮。

將旋風式烤箱預熱至180℃(熱度6)。將放有綠色及白色馬卡龍餅殼的烤盤放入烤箱。烘烤12分鐘，期間將烤箱門快速打開二次，讓濕氣散出。出爐後，將一片片的馬卡龍餅殼擺在工作檯上。

將前一天製作的蔬菜園內餡倒入裝有11號平口擠花嘴的擠花袋中。將綠色的餅殼翻面，平坦朝上放在一張烤盤紙上。將蔬菜園內餡擠在餅殼上。蓋上白色的餅殼並輕輕按壓。

將馬卡龍冷藏保存24小時。在品嚐前2小時取出。

Apprendre, comprendre, comparer... j'ai toujours éprouvé le besoin permanent d'étalonner mes connaissances par l'expérience sensorielle, irremplaçable. Pour autant, il faut littéralement saisir, c'est-à-dire maîtriser toutes les subtilités des bases fondamentales d'un enseignement, pour espérer un jour pouvoir s'en affranchir.

學習、瞭解、比較 ... 我總是認爲需要持續透過無可替代的感知經驗，來修正所學知識。儘管如此，還是必須完全領略，也就是完全掌握所習得的基礎技術，其中所有微妙之處，以期某日能夠從中突破。

約72顆馬卡龍
（約需144片餅殼）
準備：5 MIN（提前五天，見「步驟圖解」） + 1 H 50 MIN
烹調：約20 MIN
浸泡：30 MIN
乾燥：2次30 MIN
冷藏：2 H + 24 H

LE BISCUIT MACARON ROSE
玫瑰馬卡龍餅殼

150克 糖粉
150克 杏仁粉
1.5克 液狀胭脂紅（rouge carmin）食用色素
55克 + 55克 蛋白液（見「步驟圖解」）
38克 礦泉水
150克 細砂糖

LE BISCUIT MACARON VANILLE
香草馬卡龍餅殼

150克 糖粉
150克 杏仁粉
1.5克 香草粉
55克 + 55克 蛋白液（見「步驟圖解」）
38克 礦泉水
150克 細砂糖

LA MERINGUE ITALIENNE
義式蛋白霜

35克 礦泉水
125克 細砂糖
65克 蛋白 + 5克 細砂糖

LA CRÈME ANGLAISE
英式奶油醬

90克 全脂鮮乳
4根 墨西哥香草莢（gousse de vanille）
70克 蛋黃
2克 丁香粉（clou de girofle en poudre）
40克 細砂糖

LA CRÈME AU BEURRE À LA ROSE, VANILLE ET CLOU DE GIROFLE
法式玫瑰香草丁香內餡

450克 室溫軟化的奶油（Viette）
上述全量的英式奶油醬
4.4克 濃縮玫瑰香露（extrait alcoolique de rose）
30克 玫瑰糖漿（sirop de rose）
175克 義式蛋白霜

＊香草粉（vanille en poudre）是將香草莢乾燥後磨成細粉。

Macaron Jardin secret

祕密花園馬卡龍

調香師尚-米歇爾・杜希耶（Jean-Michel Duriez）讓我發現康乃馨的香味是由玫瑰和香料所構成。這款馬卡龍，我組合了玫瑰、香草和丁香，讓它們形成唯一且共同的風味。

前一天，製作玫瑰馬卡龍餅殼。將糖粉和杏仁粉一起過篩。在55克的蛋白中混入食用色素。全部倒入糖粉和杏仁粉的備料中，不要攪拌。

將礦泉水和砂糖煮沸至電子溫度計達118℃。當糖漿到達115℃時，開始將另外110克的蛋白以電動攪拌器打成蛋白霜。

將煮至118℃的糖漿淋在蛋白霜上。攪打冷卻至50℃，然後將混合物混入糖粉、杏仁粉和蛋白的備料中，並一邊拌匀，一邊爲麵糊排掉多餘空氣。全部倒入裝有11號平口擠花嘴的擠花袋中。

在鋪有烤盤紙的烤盤上，間隔2公分地擠出直徑約3.5公分的圓形麵糊。將烤盤朝鋪有廚房布巾的工作檯輕敲，讓餅狀麵糊稍微攤開。在室溫下靜置至少30分鐘，讓餅殼麵糊的表面結皮。

製作香草馬卡龍餅殼。將糖粉、杏仁粉和香草粉過篩。將55克的蛋白倒入糖粉和杏仁粉的備料中，不要攪拌。

將礦泉水和砂糖煮沸至電子溫度計達118℃。當糖漿到達115℃時，開始將另外55克的蛋白以電動攪拌器打成蛋白霜。

將煮至118℃的糖漿淋在蛋白霜上。攪打冷卻至50℃，然後將義式蛋白霜混入糖粉、杏仁粉、香草粉和蛋白的備料中，一邊拌勻，一邊爲麵糊排掉多餘空氣。全部倒入裝有11號平口擠花嘴的擠花袋中。

在鋪有烤盤紙的烤盤上，間隔2公分地擠出直徑約3.5公分的圓形麵糊。將烤盤朝鋪有廚房布巾的工作檯輕敲，讓餅狀麵糊稍微攤開。在室溫下靜置至少30分鐘，讓餅殼麵糊的表面結皮。

將旋風式烤箱預熱至180℃（熱度6）。將擺有玫瑰和香草馬卡龍餅殼的烤盤放入烤箱。烘烤12分鐘，期間將烤箱門快速打開二次，讓濕氣散出。出爐後，將一片片的馬卡龍餅殼擺在工作檯上。

製作法式玫瑰香草丁香內餡。先製作義式蛋白霜。將礦泉水和砂糖煮沸至電子溫度計達121℃，一煮沸就用蘸濕的糕點刷擦拭鍋緣。在糖漿達115℃時，開始將蛋白和5克的細砂糖打發至尖端呈現微微下垂的「鳥嘴狀」，也就是說不要過度打發。緩緩地倒入煮至121℃的糖，不停以中速攪打至蛋白霜冷卻。

製作英式奶油醬。將牛乳、丁香和剖成兩半並取籽的香草莢一起煮沸。離火。將平底深過加蓋並浸泡30分鐘。

將浸泡過的牛乳過濾。在另一個平底深鍋中混合蛋黃和糖，攪拌至混合物泛白。倒入牛乳中，一邊快速攪打。將平底深鍋以文火加熱並不停攪拌，煮至電子溫度計達85℃－由於含有大量的蛋，這道奶油醬會很容易黏鍋。攪拌後倒入裝有網狀攪拌棒的電動攪拌器中，以中速打至奶油醬冷卻。

製作法式玫瑰香草丁香內餡。用電動攪拌器攪打奶油5分鐘，加入冷卻的英式奶油醬、濃縮玫瑰香露和玫瑰糖漿。再度用電動攪拌器攪打，接著將上述備料裝在深缽盆中。慢慢混入175克的義式蛋白霜，將完成的法式玫瑰香草丁香內餡倒入裝有11號平口擠花嘴的擠花袋中。

將玫瑰馬卡龍的餅殼翻面放在烤盤紙上，平坦面朝上。將法式玫瑰香草丁香內餡擠在餅殼上。蓋上香草馬卡龍的餅殼並輕輕按壓。

將馬卡龍冷藏保存24小時。在品嚐前2小時取出。

約72顆馬卡龍
(約需144片餅殼)
準備：5 MIN(提前五天，見「步驟圖解」) + 1 H 50 MIN
烹調：約30 MIN
乾燥：30 MIN
冷藏：6 H + 24 H

Macaron Jardin sur la baie d'Along

下龍灣花園馬卡龍

LE BISCUIT MACARON NOIX DE COCO 椰香馬卡龍餅殼

240克 糖粉
240克 杏仁粉
120克 椰子粉
110克 + 110克 蛋白液(見「步驟圖解」)
75克 礦泉水
300克 細砂糖

LA CRÈME NOIX DE COCO ET CITRON VERT 青檸椰子內餡

500克 可可脂含量35%的白巧克力(Valrhona Ivoire)
300克 椰子泥(purée de noix de coco)(Boiron)
8克 青檸皮
50克 青檸汁

LE JUS DE CORIANDRE 香菜汁

30克 新鮮香菜葉(feuille de coriander fraîche)
215克 礦泉水
8克 細砂糖
1克 青檸皮
4片 新鮮生薑
0.5克 砂勞越黑胡椒(poivre noir de Sarawak)(Thiercelin)

LA COMPOTE DE CORIANDRE 糖煮香菜

2.5克 洋菜(agar-agar)
10克 細砂糖
250克 香菜汁

LA FINITION 最後加工

椰子粉

應海倫・達荷茲(Hélène Darroze)和卡洛琳・霍斯東(Caroline Rostang)之邀，爲越南兒童協會籌措資金，我創造了這款具有異國風味的馬卡龍。以薑調味的青檸椰子內餡，再以新鮮的糖煮香菜作爲夾心。

前一天，製作椰子馬卡龍餅殼。將糖粉和杏仁粉一起過篩。在110克的蛋白中混入椰子粉。倒入糖粉和杏仁粉的備料中，不要攪拌。

將礦泉水和砂糖煮沸至電子溫度計達118℃。當糖漿到達115℃時，開始將另外110克的蛋白以電動攪拌器打成蛋白霜。

將煮至118℃的糖漿淋在蛋白霜上。攪打冷卻至50℃，然後將混合物混入糖粉、杏仁粉、椰子粉蛋白的備料中，一邊拌勻，一邊爲麵糊排掉多餘空氣。全部倒入裝有11號平口擠花嘴的擠花袋中。

在鋪有烤盤紙的烤盤上，間隔2公分地擠出直徑約3.5公分的圓形麵糊。將烤盤朝鋪有廚房布巾的工作檯輕敲，讓餅狀麵糊稍微攤開。爲餅殼撒上少許的椰子粉。在室溫下靜置至少30分鐘，讓餅殼麵糊的表面結皮。

→ 將旋風式烤箱預熱至180℃(熱度6)。將放有椰子馬卡龍餅殼的烤盤放入烤箱。烘烤12分鐘，期間將烤箱門快速打開二次，讓濕氣散出。出爐後，將一片片的馬卡龍餅殼擺在工作檯上。

製作青檸椰子內餡。用鋸齒刀將巧克力切碎，以隔水加熱或微波的方式，將巧克力加熱至45℃/50℃，讓巧克力融化。將椰子泥和用Microplane刨刀刨下的檸檬皮和檸檬汁加熱至60℃。分三次倒入融化的巧克力中，並從中央開始，慢慢朝外以繞圈的方式小心地攪拌。以手持式電動攪拌棒將內餡打至均勻。

將青檸椰子內餡倒入焗烤盤中，將保鮮膜緊貼在表面。冷藏保存6小時，直到內餡變得滑順。

製作香菜汁，接著再製成糖煮香菜。連續清洗香菜葉三次，放在吸水紙上晾乾。將礦泉水、細砂糖、青檸皮、生薑片和胡椒煮沸，加入香菜葉。以手持式電動攪拌棒打碎。

製作糖煮香菜，混合洋菜和細砂糖，加入香菜汁。加熱煮沸，一邊攪拌所有材料，續滾1分鐘。放涼後倒入裝有11號平口擠花嘴的擠花袋中。

將青檸椰子內餡倒入裝有11號平口擠花嘴的擠花袋中。將一半的餅殼翻面，平坦朝上放在一張烤盤紙上。將青檸椰子內餡擠在餅殼上，在中央擠上一球的糖煮香菜，再擠上一點青檸椰子內餡。蓋上另一半的餅殼並輕輕按壓。

將馬卡龍冷藏保存24小時。在品嚐前2小時取出。

Macaron Jardin d'Éden

伊甸園馬卡龍

香草和羅勒
形成完美的搭配。
大片的羅勒葉
具有掌控全場的風味，
但馬達加斯加、大溪地和
墨西哥香草的組合，
讓味道變得柔和更昇華。

前二天，製作羅勒結晶糖。將烤箱預熱至50℃（熱度2/3）。清洗羅勒葉並晾乾。將羅勒葉約略撕碎，用食物料理機攪打結晶糖和撕碎的羅勒葉。將調味糖撒在鋪有烤盤紙的烤盤上，入烤箱以50℃烤約10小時，在烤箱內放至隔天。

前一天，將烤盤從烤箱中取出。製作香草馬卡龍餅殼。將糖粉、杏仁粉和香草粉一起過篩。將55克的蛋白倒入，不要攪拌。

將礦泉水和砂糖煮沸至電子溫度計達118℃。當糖漿到達115℃時，開始將另外55克的蛋白以電動攪拌器打成蛋白霜。

將煮至118℃的糖漿淋在蛋白霜上。攪打冷卻至50℃，然後將混合物混入糖粉、杏仁粉、香草粉和蛋白的備料中，一邊拌匀，一邊爲麵糊排掉多餘空氣。全部倒入裝有11號平口擠花嘴的擠花袋中。

在鋪有烤盤紙的烤盤上，間隔2公分地擠出直徑約3.5公分的圓形麵糊。將烤盤朝鋪有廚房布巾的工作檯輕敲，讓餅狀麵糊稍微攤開。爲餅殼撒上少許羅勒調味結晶糖。在室溫下靜置至少30分鐘，讓餅殼麵糊的表面結皮。

約72顆馬卡龍
（約需144片餅殼）
準備：5 MIN（提前五天，見「步驟圖解」）+ 1 H 40 MIN
烹調：12 H（前二天）+ 約30 MIN
浸泡：30 MIN
乾燥：2次30 MIN
冷藏：6 H + 24 H

○

LE SUCRE CRISTALLISÉ PARFUMÉ AU BASILIC
羅勒結晶糖

25克 新鮮羅勒（basilic frais）
250克 粗粒結晶糖

○○

LE BISCUIT MACARON VANILLE
香草馬卡龍餅殼

150克 糖粉
150克 杏仁粉
1.5克 香草粉
55克 + 55克 蛋白液（見「步驟圖解」）
38克 礦泉水
150克 細砂糖

○○○

LE BISCUIT MACARON NATURE
原味馬卡龍餅殼

150克 糖粉
150克 杏仁粉
55克 + 55克 蛋白（見「步驟圖解」）
38克 礦泉水
150克 細砂糖

○○○○

LA CRÈME À LA VANILLE ET AU BASILIC
香草羅勒內餡

16克 大片青羅勒葉（feuilles de basilic vert à grandes feuilles）
1.5根 大溪地香草莢
1.5根 馬達加斯加香草莢
1.5根 墨西哥香草莢
345克 液狀法式鮮奶油（脂肪含量32至35%）
385克 可可脂含量35%的白巧克力（Valrhona Ivoire）

* 香草粉（vanille en poudre）是將香草莢乾燥後磨成細粉。

製作原味馬卡龍餅殼。將糖粉和杏仁粉過篩。將55克的蛋白倒入糖粉和杏仁粉的備料中，不要攪拌。

將礦泉水和砂糖煮沸至電子溫度計達118℃。當糖漿到達115℃時，開始將另外55克的蛋白以電動攪拌器打成蛋白霜。

將煮至118℃的糖漿淋在蛋白霜上。攪打冷卻至50℃，然後將義式蛋白霜混入糖粉、杏仁粉和蛋白的備料中，一邊拌勻，一邊為麵糊排掉多餘空氣。全部倒入裝有11號平口擠花嘴的擠花袋中。

在鋪有烤盤紙的烤盤上，間隔2公分地擠出直徑約3.5公分的圓形麵糊。將烤盤朝鋪有廚房布巾的工作檯輕敲，讓餅狀麵糊稍微攤開。在室溫下靜置至少30分鐘，讓餅殼麵糊的表面結皮。

將旋風式烤箱預熱至180℃（熱度6）。將放有香草和原味馬卡龍餅殼的烤盤放入烤箱。烘烤12分鐘，期間將烤箱門快速打開二次，讓濕氣散出。出爐後，將一片片的馬卡龍餅殼擺在工作檯上。

製作香草羅勒內餡。將葉片約略撕碎。將香草莢剖成兩半，用刀將籽刮下，和去籽的香草莢及撕碎的羅勒葉一起混入液狀法式鮮奶油中。將鮮奶油煮沸。離火，加蓋，浸泡30分鐘。用鋸齒刀將巧克力切碎，以隔水加熱或微波加熱至45℃/50℃，讓巧克力融化。

將去籽的香草莢從浸泡的鮮奶油中撈出，然後再度攪拌並加熱至55℃ /60℃，接著分三次倒入融化的巧克力中，並從中央開始，慢慢朝外以繞圈的方式小心地攪拌。以手持式電動攪拌棒將內餡打至均勻。

將香草羅勒內餡倒入焗烤盤中，將保鮮膜緊貼在表面。冷藏保存6小時，直到變得滑順。

將滑順的香草羅勒內餡倒入裝有11號平口擠花嘴的擠花袋中。將香草馬卡龍的餅殼翻面放在烤盤紙上。將香草羅勒內餡擠在餅殼上，蓋上原味馬卡龍的餅殼並輕輕按壓。

將馬卡龍冷藏保存24小時。在品嚐前2小時取出。

約72顆馬卡龍
（約需144片餅殼）
準備：5 MIN（提前五天，見「步驟圖解」）+ 1 H 50 MIN
烹調：約25 MIN
乾燥：2次30 MIN
冷藏：4 H + 24 H

○

LE BISCUIT MACARON CHOCOLAT
巧克力馬卡龍餅殼

60克 可可脂含量100%的可可塊（cacao pâte）（Valrhona）
150克 糖粉
150克 杏仁粉
0.25克 液狀胭脂紅（rouge carmin）食用色素
55克 + 55克 蛋白液（見「步驟圖解」）
38克 礦泉水
150克 細砂糖

○○

LE SUCRE CRISTALLISÉ AUX ÉPICES À PAIN D'ÉPICES
香料麵包風味結晶糖

250克 粗粒結晶糖
25克 香料麵包的香料粉（épices à pain d'épices）（Thiercelin）

○○○

LE BISCUIT MACARON PAIN D'ÉPICES
香料麵包馬卡龍餅殼

150克 糖粉
150克 杏仁粉
7.5克 濃縮咖啡液（essence de café liquide）（Trablit）
1克 液狀檸檬黃（jaune citron）食用色素
55克 + 55克 蛋白液（見「步驟圖解」）
38克 礦泉水
150克 細砂糖

○○○○

LA GANACHE AU CHOCOLAT
巧克力甘那許

340克 苦甜巧克力（Valrhona）
250克 液狀法式鮮奶油（脂肪含量32至35%）
75克 室溫軟化的奶油（Viette）

○○○○○

LA CRÈME AU BEURRE SALÉ ET PAIN D'ÉPICES
香料麵包鹹奶油焦糖

335克 液狀法式鮮奶油（脂肪含量32至35%）
2.5克 香料麵包的香料粉（Thiercelin）
250克 細砂糖
40克 半鹽奶油（Viette）

＊香料麵包的香料粉（poudre de pain d'épices）混合了薑粉、肉桂、丁香、肉豆蔻…等香料製成。

Macaron Jardin épicé

香料花園馬卡龍

這款馬卡龍溫暖的風味，令人想到阿爾薩斯（Alsace）。我在巧克力甘那許的內餡中夾入幾乎是流動狀態的鹹奶油焦糖，並以香料麵包的香料粉調味。

製作巧克力馬卡龍餅殼。用鋸齒刀將可可塊切碎，以隔水加熱或微波的方式，將可可塊加熱至45°C/50°C，讓可可塊融化。將糖粉和杏仁粉一起過篩。在55克的蛋白中混入食用色素。倒入糖粉和杏仁粉的備料中，不要攪拌。

將礦泉水和砂糖煮沸至電子溫度計達118°C。當糖漿到達115°C時，開始將另外55克的蛋白以電動攪拌器打成蛋白霜。

將煮至118°C的糖漿淋在蛋白霜上。攪打冷卻至50°C。將一部分義式蛋白霜加進融化的可可塊中混合，再加入糖粉、杏仁粉和蛋白，以及剩餘的義式蛋白霜中拌勻，一邊拌勻，一邊爲麵糊排掉多餘空氣。全部倒入裝有11號平口擠花嘴的擠花袋中。

在鋪有烤盤紙的烤盤上，間隔2公分地擠出直徑約3.5公分的圓形麵糊。將烤盤朝鋪有廚房布巾的工作檯輕敲，讓餅狀麵糊稍微攤開。在室溫下靜置至少30分鐘，讓餅殼麵糊的表面結皮。

製作香料麵包風味結晶糖。將糖和香料粉混合，保存在室溫下。

製作香料麵包馬卡龍餅殼。將糖粉和杏仁粉一起過篩。將濃縮咖啡液和食用色素混入55克的蛋白中。全部倒入糖粉和杏仁粉的備料中，不要攪拌。

將礦泉水和砂糖煮沸至電子溫度計達118℃。當糖漿到達115℃時，開始將另外55克的蛋白以電動攪拌器打成蛋白霜。

將煮至118℃的糖漿淋在蛋白霜上。攪打冷卻至50℃，然後將義式蛋白霜混入糖粉、杏仁粉和蛋白的備料中，一邊拌匀，一邊爲麵糊排掉多餘空氣。全部倒入裝有11號平口擠花嘴的擠花袋中。

在鋪有烤盤紙的烤盤上，間隔2公分地擠出直徑約3.5公分的圓形麵糊。將烤盤朝鋪有廚房布巾的工作檯輕敲，讓餅狀麵糊稍微攤開。爲餅殼撒上少許香料糖。在室溫下靜置至少30分鐘，讓餅殼麵糊的表面結皮。

將旋風式烤箱預熱至180℃（熱度6）。將擺有巧克力和香料麵包馬卡龍餅殼的烤盤放入烤箱。烘烤12分鐘，期間將烤箱門快速打開二次，讓濕氣散出。出爐後，將一片片的馬卡龍餅殼擺在工作檯上。

製作巧克力甘那許。用鋸齒刀將巧克力切碎，以隔水加熱或微波的方式，將巧克力加熱至45℃/50℃，讓巧克力融化。將液狀法式鮮奶油煮沸。分三次倒入融化的巧克力中，並從中央開始，慢慢朝外以繞圈的方式小心地攪拌。一邊混入奶油，一邊以手持式電動攪拌棒將甘那許打至均匀。

將巧克力甘那許倒入焗烤盤中，將保鮮膜緊貼在甘那許的表面。冷藏保存4小時，直到甘那許變爲乳霜狀。

製作香料麵包鹹奶油焦糖。將液狀法式鮮奶油和香料麵包香料粉煮沸。將另一個厚底平底深鍋開中火，倒入約50克的砂糖，將糖煮至融化，接著再加入50克的砂糖，然後繼續以同樣的步驟處理剩餘的糖。煮至焦糖呈現漂亮的深棕琥珀色。離火，加入半鹽奶油，用耐熱刮刀攪拌。

分二次倒入煮沸的鮮奶油。將平底深鍋再度開火，煮至電子溫度計達108℃。用手持式電動攪拌棒攪打，接著將香料麵包鹹奶油焦糖倒入盤中。放入冰箱中冷卻，接著倒入裝有11號平口擠花嘴的擠花袋中。

將乳霜狀的巧克力甘那許放入裝有11號平口擠花嘴的擠花袋中。將巧克力馬卡龍的餅殼翻面放在烤盤紙上，平坦面朝上。將巧克力甘那許擠在餅殼上，在中央擠上一球香料麵包鹹奶油焦糖。蓋上香料麵包馬卡龍的餅殼並輕輕按壓。

將馬卡龍冷藏保存24小時。在品嚐前2小時取出。

Index
索引

Remerciements
致謝

我誠摯地感謝我的友人兼合夥人 Charles Znaty 夏爾·澤拿蒂，以及 Coco Jobard 可可·喬巴、Bernhard Winkelmann 伯納·溫克曼，和 Laurent Fau 洛洪·弗。
也謝謝 Mickaël Marsollier 米卡埃·馬修里耶、Camille Moënne Loccoz 卡蜜兒·莫安洛可、Charlotte Bruneau 夏洛特·布魯諾，和 Delphine Baussan 戴芬·博森。

Pierre Hermé 皮耶·艾曼

我衷心感謝攝影師 Laurent Fau 洛洪·弗和 Bernhard Winkelmann 伯納·溫克曼，以及我寶貴的合作夥伴 Sarah Vasseghi 莎拉·瓦瑟吉、皮耶·艾曼整個甜點主廚團隊、Camille Moënne-Loccoz 卡蜜兒·莫安洛可、Mickaël Marsollier 米卡埃·馬修里耶和 Charlotte Bruneau 夏洛特·布魯諾。

Coco Jobard 可可·喬巴

Crédits photographiques
攝影師

除了以下頁數本書所有的照片皆由 Laurent Fau 洛洪·弗 攝影
©Bernhard Winkelmann 伯納·溫克曼第 14、42、90、98、118、135、143、154、203、206、211、214、219、226、231、234、239、243、246、255。

系列名稱 / PIERRE HERMÉ
書　名 / MACARON 馬卡龍聖經
作　者 / PIERRE HERMÉ 皮耶·艾曼
出版者 / 大境文化事業有限公司
發行人 / 趙天德
總編輯 / 車東蔚
翻　譯 / 林惠敏
文編·校對 / 編輯部
美　編 / R.C. Work Shop
地址 / 台北市雨聲街77號1樓
TEL / (02) 2838-7996
FAX / (02) 2836-0028
初版一刷日期 / 2024年6月
定　價 / 新台幣 1500元
ISBN / 9786269849413
書　號 / PH 10

讀者專線 / (02) 2836-0069
www.ecook.com.tw
E-mail / service@ecook.com.tw
劃撥帳號 / 19260956大境文化事業有限公司

MACARON
First published by Editions de La Martinière, in 2014.
This Chinese language (Complex Characters) edition published by arrangement with
Editions de La Martinière, une marque de la société EDLM, Paris.

Photographies : Laurent Fau et Bernhard Winkelmann
Rédaction et mise en scène artistique des recettes : Coco Jobard
Conception graphique et réalisation : Grégory Bricout
Relecture : Colette Malandain

圖像概念與製作：Grégory Bricout 葛高里·畢果
校對：Colette Malandain 高雷特·馬龍丹

國家圖書館出版品預行編目資料
MACARON 馬卡龍聖經
PIERRE HERMÉ 皮耶·艾曼 著：--初版.--臺北市
大境文化，2024［113］ 264面；24×28.5公分.
（PIERRE HERMÉ；PH 10）
ISBN 9786269849413
1.CST：點心食譜
427.16　　113006149

Le Pas à Pas des Coques de Biscuit macaron

馬卡龍餅殼製作步驟圖解

1

提前五天(最好提前一個禮拜)，將蛋白和蛋黃分開，接著按每份食譜的指示爲蛋白秤重。

2

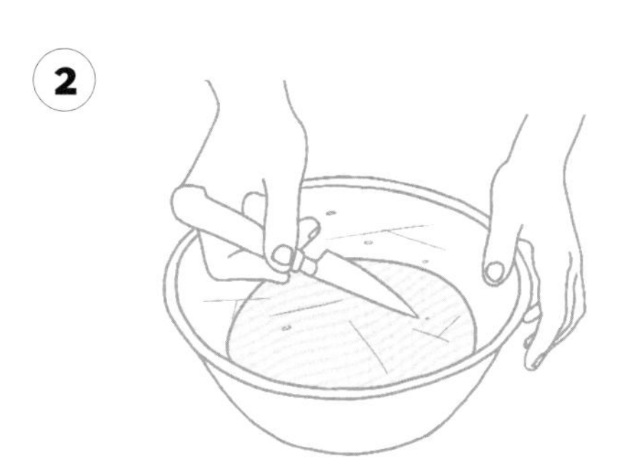

將蛋白放入深缽盆中，蓋上保鮮膜，並在上面戳幾個洞，冷藏保存。

3

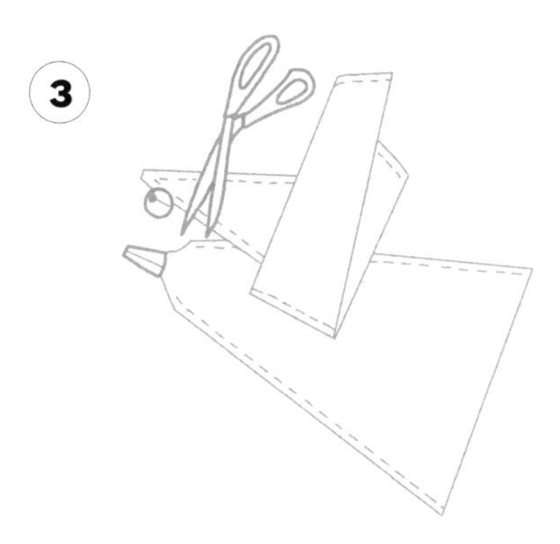

製作2個擠花袋，第1個用來製作馬卡龍餅殼，第2個用來填餡。將擠花袋尖端3公分裁下，並裝入平口擠花嘴。

4

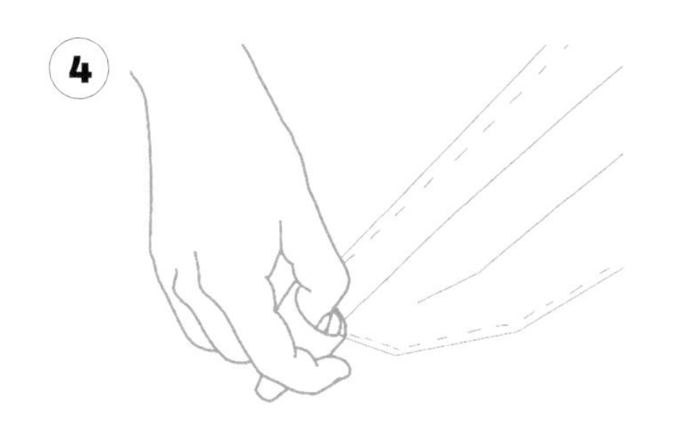

將少許擠花袋塞入平口擠花嘴內側，以免馬卡龍餅殼的麵糊在裝袋時流出。

5

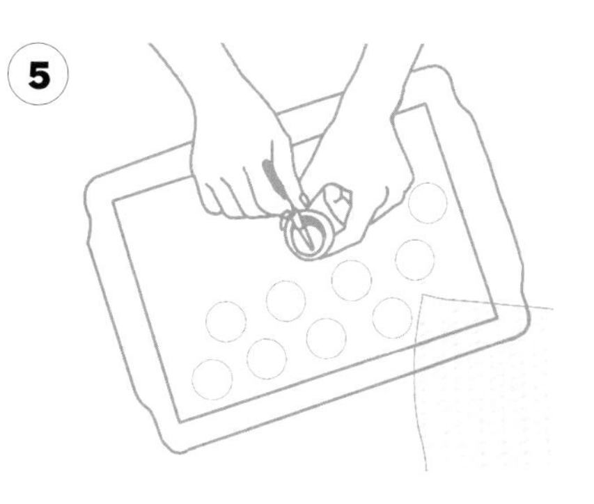

在相當於烤盤內側大小的白紙上，用直徑3.5公分的切割器或玻璃杯上下排錯開地描畫出圓形。將繪好的模板襯在同樣大小的烤盤紙下。

6

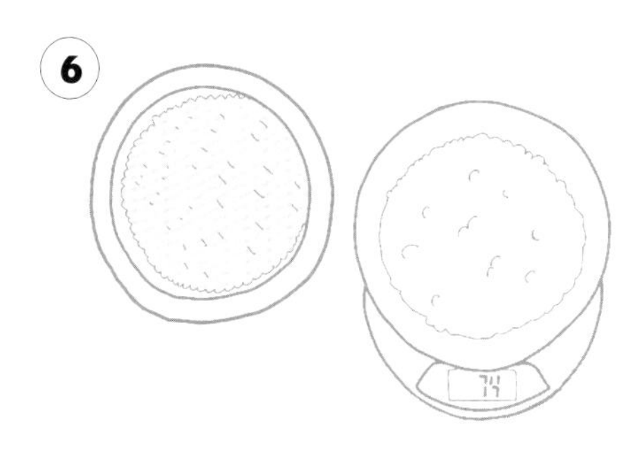

將杏仁粉和糖粉分別秤重，準備所需的份量。

7

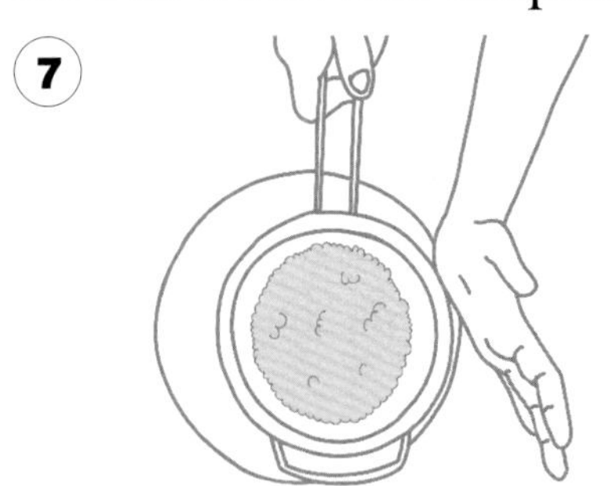

混合杏仁粉和糖粉，接著過篩，以獲得細緻而均勻的粉末。

8

將食用色素加進第一份秤好的蛋白中。

9

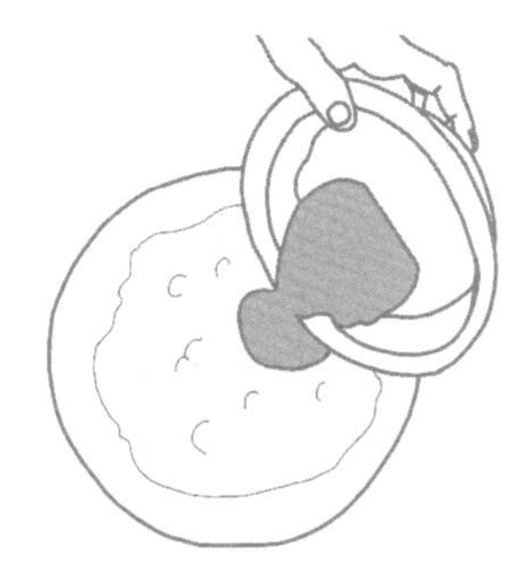

將染色蛋白倒入杏仁粉和糖粉的混合物中，但請勿攪拌。

10

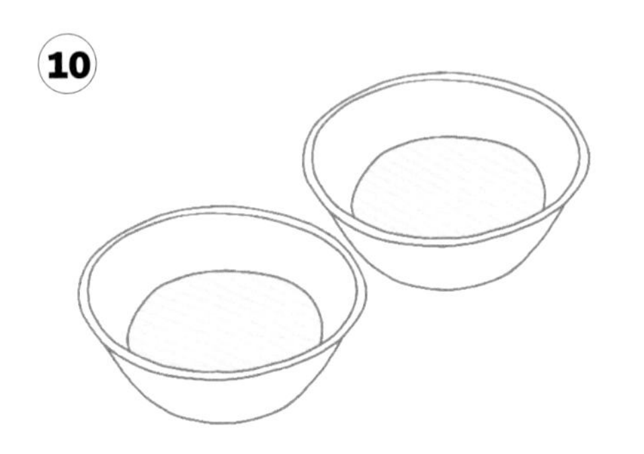

將要使用的細砂糖和水的份量秤好。

11

將水倒入平底深鍋中並加入糖。將您的電子溫度計放入平底深鍋中以觀測溫度，以中火加熱成糖漿。

12

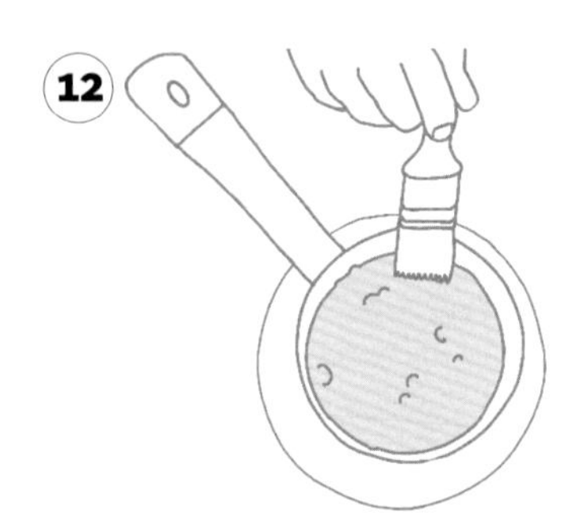

一煮沸，就用蘸水的糕點刷擦拭鍋邊。

13

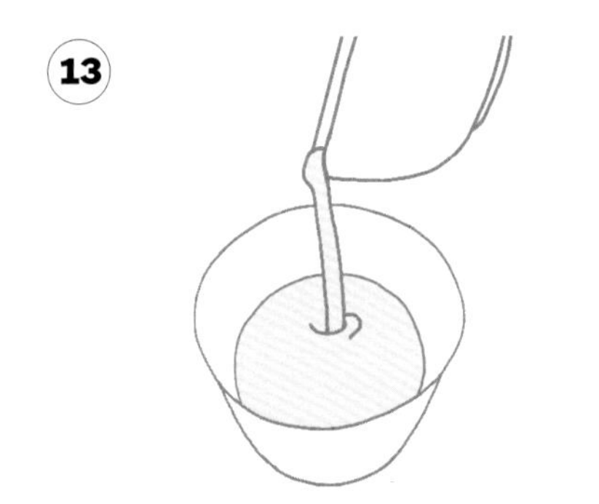

同時將第二份秤好的蛋白倒入您電動攪拌器的攪拌缸中。

14

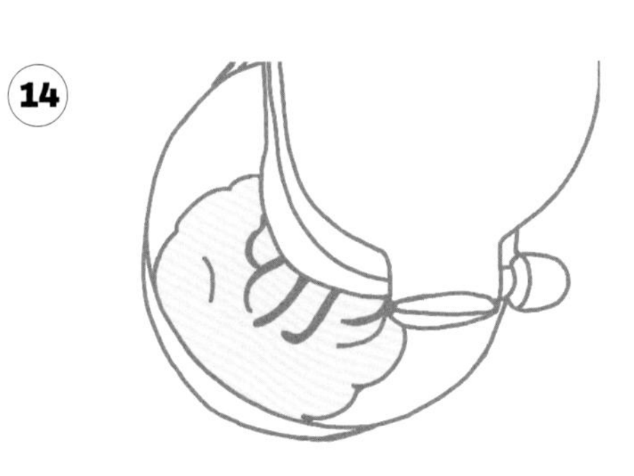

當糖漿到達115℃時，開始以高速將蛋白打成蛋白霜。

15

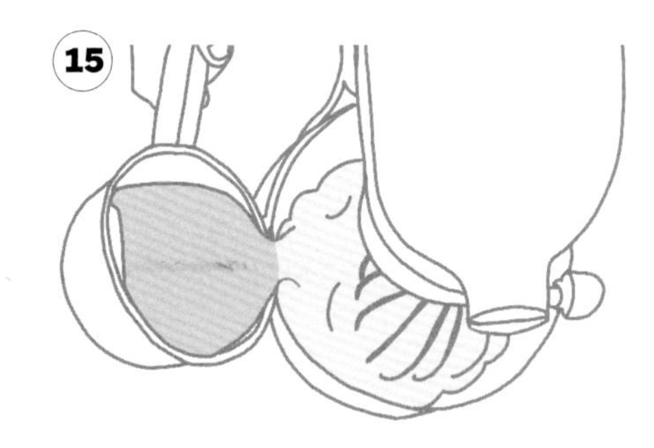

當電子溫度計標示118℃時，將攪拌器的速度調至中速，並緩緩地將糖漿倒入已經打好的蛋白霜中。請小心地讓糖漿沿著攪拌缸的內緣流下，以免糖漿濺出。

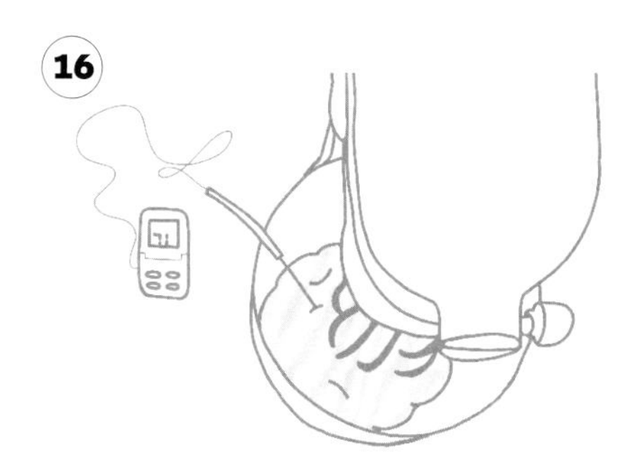

繼續改爲高速攪打1分鐘，接著將速度轉爲中速，持續攪打直到蛋白霜降至50℃。

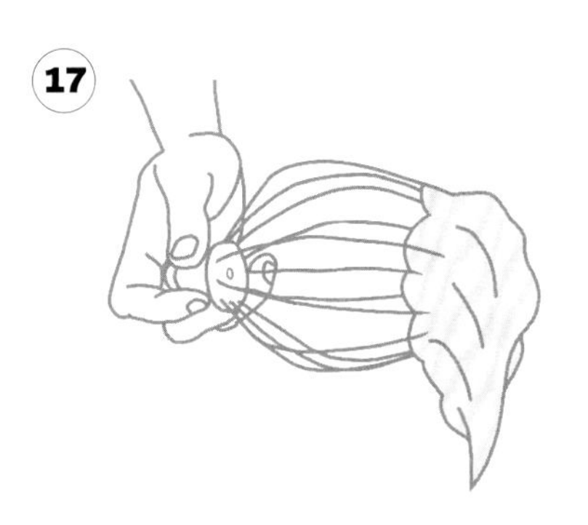

在此溫度（50℃）下，蛋白霜應平滑、光亮，並以網狀攪拌器稍微舀起時，呈現尖端微微下垂的「鳥嘴」狀。

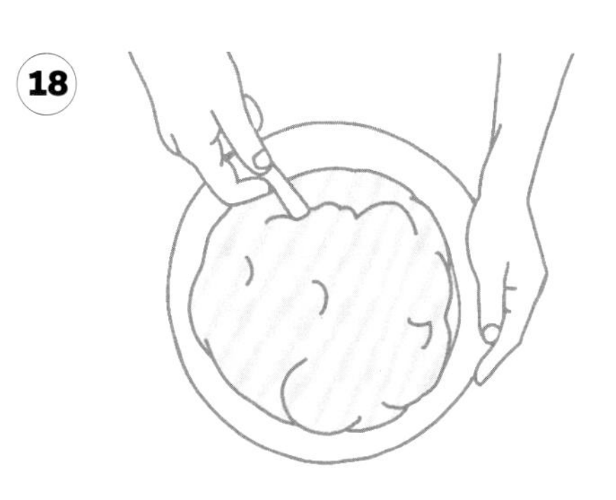

用刮刀將義式蛋白霜混入杏仁粉、糖粉和染色蛋白的混合物中，將馬卡龍餅殼的麵糊從底部朝邊緣翻動，並和義式蛋白霜拌在一起。

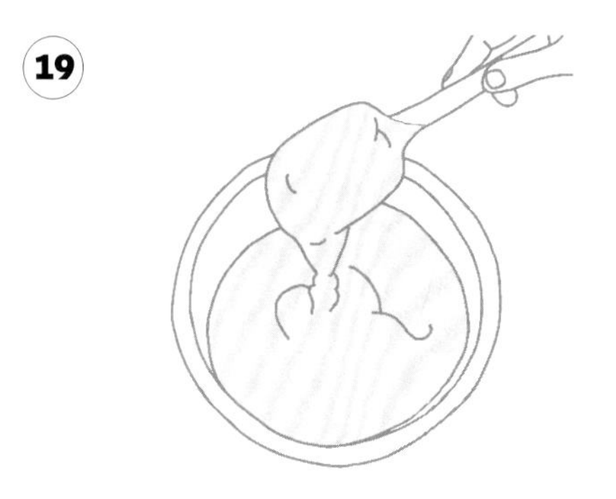

持續攪拌至形成平滑發亮，且舀起時會呈現緞帶狀垂落的麵糊。

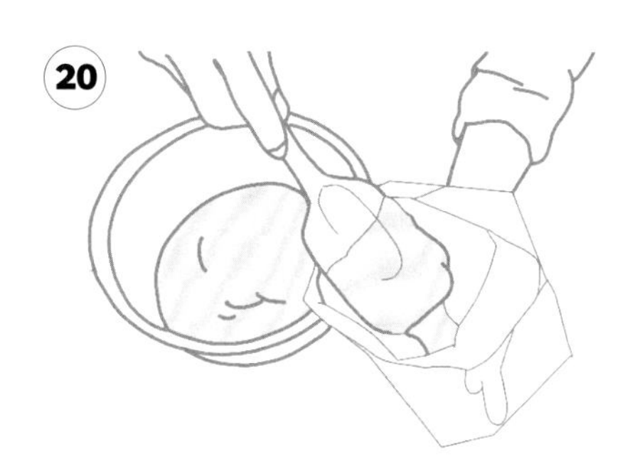

用刮刀刮取攪拌缸內的麵糊，裝入第一個裝有平口擠花嘴的擠花袋中。將擠花袋裝至半滿。

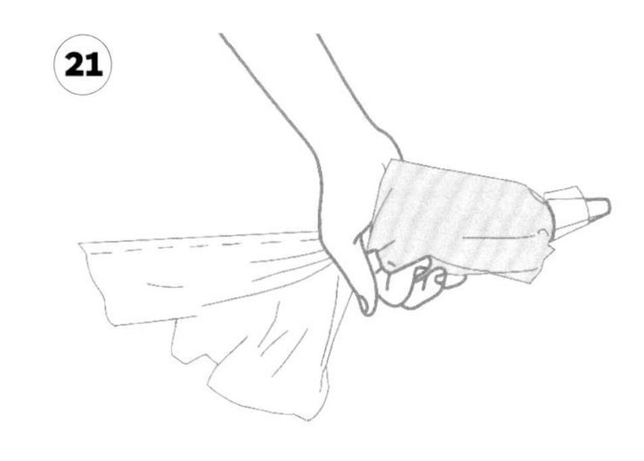

麵糊裝填完成後將剩餘袋子捲起，轉1/4圈，用掌心將麵糊推至擠花嘴方向。

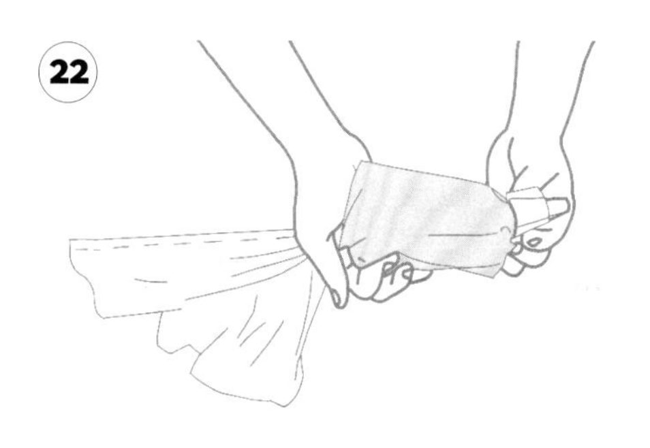

將擠花袋朝擠花嘴的方向輕拉，將原本塞在花嘴內的部分拉開。

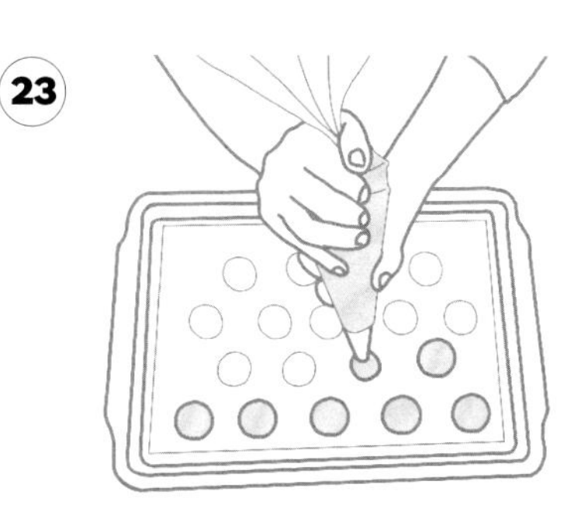

一手垂直握住擠花袋上方，另一手扶在平口擠花嘴上方，以掌控動作的方向。用掌心輕輕擠壓，將馬卡龍麵糊擠出，以形成直徑3.5公分的餅殼。

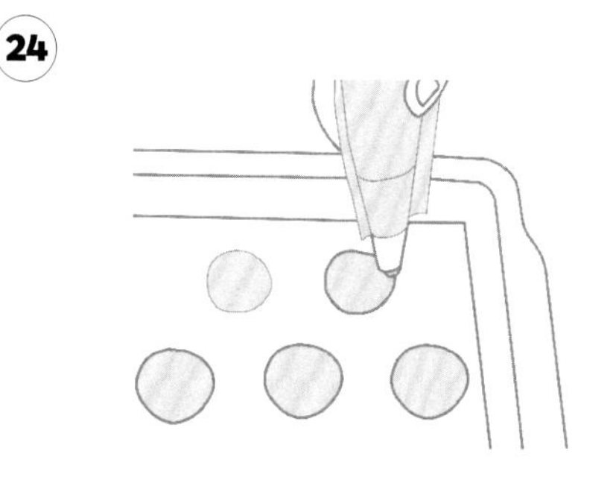

一旦擠出所需大小的麵糊，就停止擠壓擠花袋，轉1/4圈後向前收起。

Le Pas à Pas des Coques de Biscuit macaron 馬卡龍餅殼製作步驟圖解

25

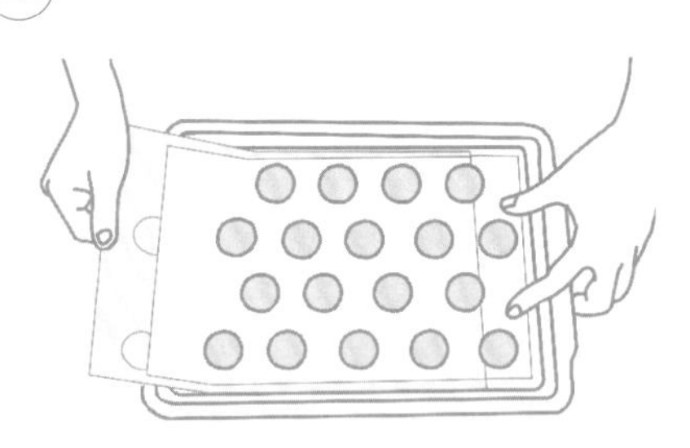

將襯在烤盤紙下方的模板抽出，以便放置於另一個烤盤上。

26

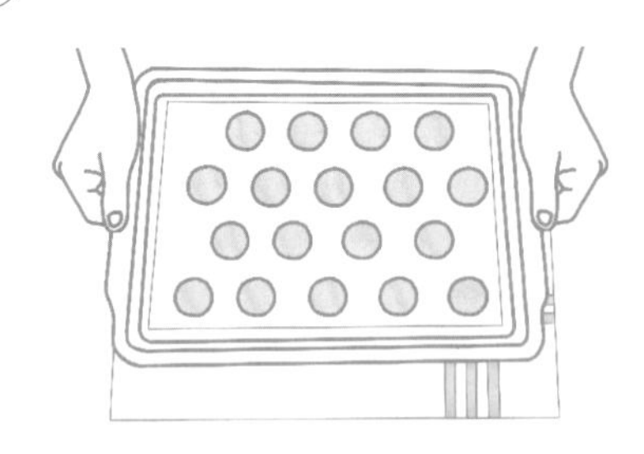

將烤盤稍微拿起，朝著鋪有廚房布巾的工作檯上輕敲，讓馬卡龍麵糊微微攤開。

27

在烤盤紙下方，烤盤的四個角落上擠出4點麵糊，以免烤盤紙在烘烤過程中剝離。

28

將馬卡龍麵糊在室溫下靜置約30分鐘，讓表面結皮。以手指輕觸餅殼麵糊表面，以檢查是否已能進行烘烤，麵糊不應沾黏手指。

29

將烤箱預熱至180℃(熱度6)，調成旋風功能。

＊烤箱依照廠牌、機種不同有所差異，請自行略微調整以避免讓馬卡龍餅殼因過於高溫，而烤上色。

30

一次或分二次烘烤。烘烤餅殼8分鐘，然後將烤箱門快速打開，接著關上續烤2分鐘後再打開一次；關上後再烘烤2分鐘。

31

出爐時，將烤盤紙擺在工作檯上，如此可避免餅殼的溫度持續升高。

32

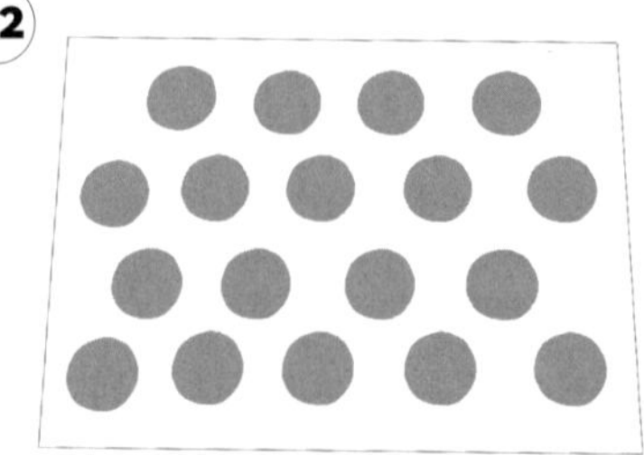

讓餅殼在烤盤紙上冷卻數分鐘後再脫模。將一半的餅殼翻面放在烤盤紙上，平坦處朝上。接著可爲餅殼填入餡料，或是以冷藏或冷凍的方式儲存48小時。

Le Pas à Pas de la Ganache au chocolat

巧克力甘那許製作步驟圖解

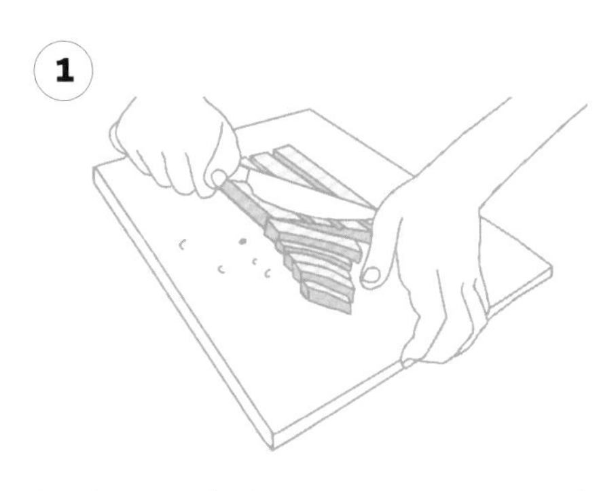

在砧板上，用鋸齒刀將巧克力切成細碎。請一手持刀柄，另一手壓著刀背，上下輕輕地動作。

以隔水加熱（或微波）的方式，將切碎的巧克力加熱至45℃/50℃，讓巧克力融化。用刮刀輕輕攪拌，在巧克力完全融化時離火。

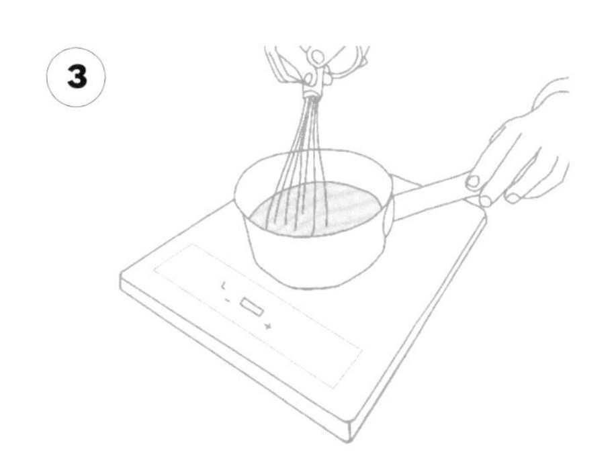

在另一個平底深鍋中將液狀法式鮮奶油煮沸，用網狀攪拌器攪拌，以免黏鍋。

將1/3的鮮奶油從中央倒入裝有融化巧克力的深缽盆中，攪拌數分鐘。甘那許會油水分離，這是正常的，因爲鮮奶油和巧克力的脂質分子無法融合在一起。

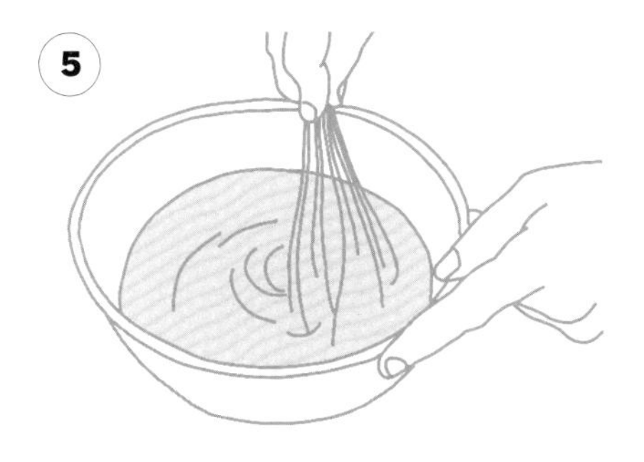

倒入2/3的鮮奶油。從中央開始攪拌，接著當混合物變得更接近乳霜狀時，將攪拌的動作擴大至缽盆的外緣。混入最後1/3的鮮奶油，並以繞圈的方式，從中央向外朝盆緣的方向攪拌。

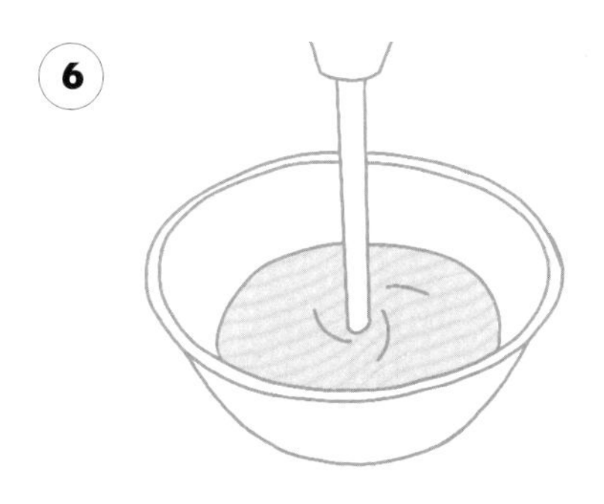

若配方中有使用奶油，請在這時加入。用手持式電動攪拌棒攪打，將甘那許打至均勻。

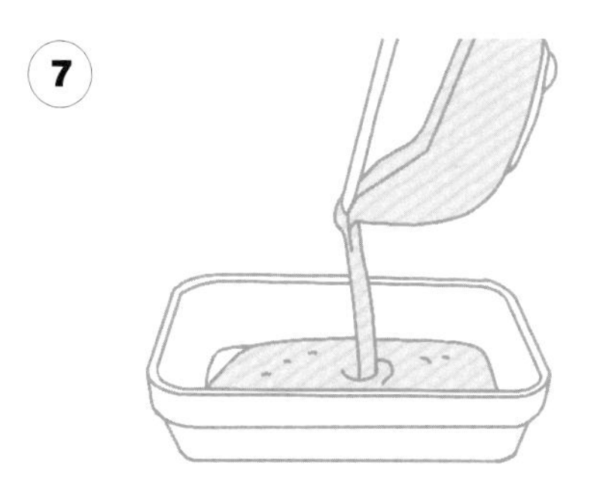

將甘那許放入邊長22-24公分的焗烤盤中，並將保鮮膜緊貼在甘那許的表面，以免甘那許凝固結皮。

Le Pas à Pas de la Crème au beurre

法式奶油餡製作步驟圖解

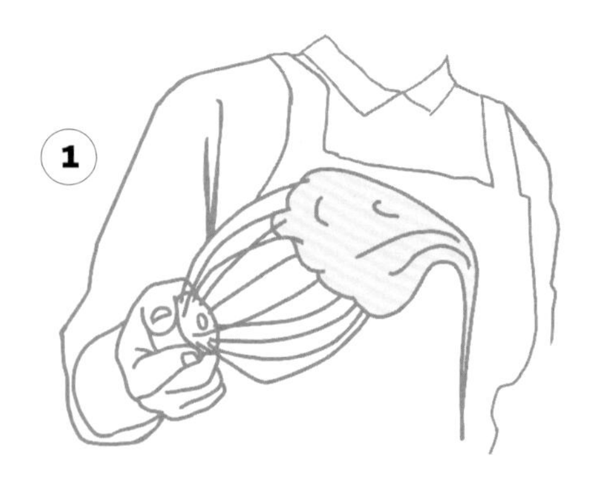

1 製作義式蛋白霜(請參考「馬卡龍餅殼麵糊的製作步驟圖解」)。

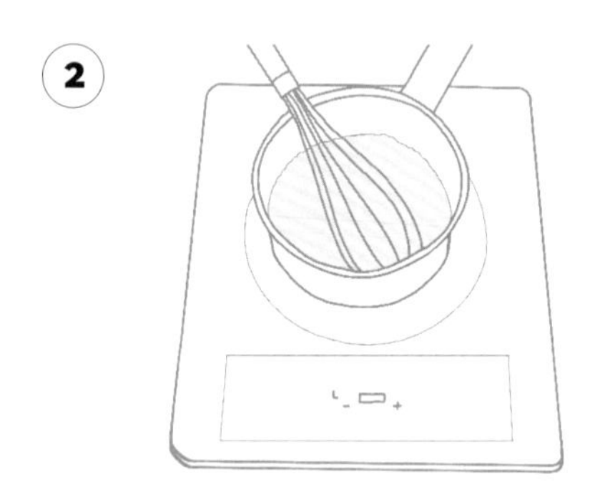

2 製作英式奶油醬(crème anglaise)。在平底深鍋中將牛乳煮沸。

3 在深缽盆中混合蛋黃和糖,將混合物打至泛白。從上方倒入牛乳,一邊快速攪打。

4 以文火加熱上述混合物,煮至電子溫度計達85°C,途中不斷攪拌。

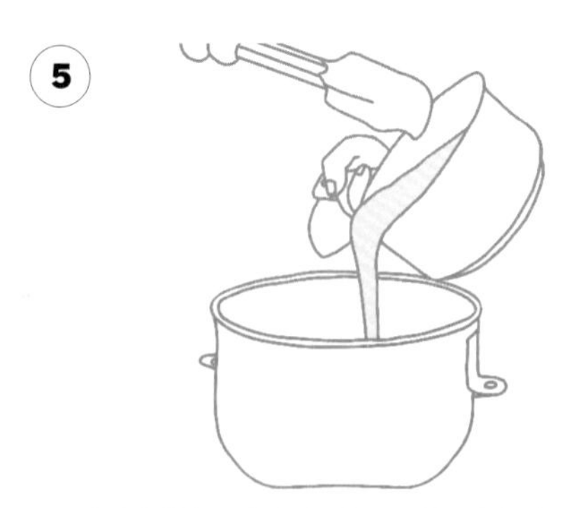

5 將4的混合物倒入攪拌缸中,以裝好網狀攪拌棒的電動攪拌器,中速攪打至冷卻。

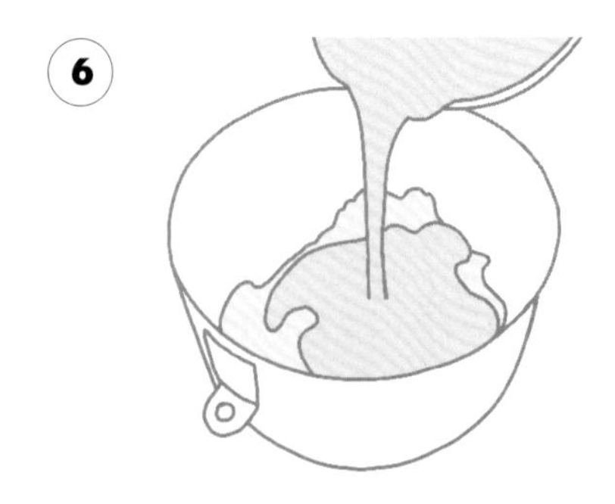

6 製作奶油餡。用電動攪拌器攪打奶油5分鐘,並加入冷卻的英式奶油醬和所需的萃取香精。

7 將6的混合物倒入深缽盆中,一點一點地混入義式蛋白霜。

Le Pas à Pas de l'Assemblage

組合步驟圖解

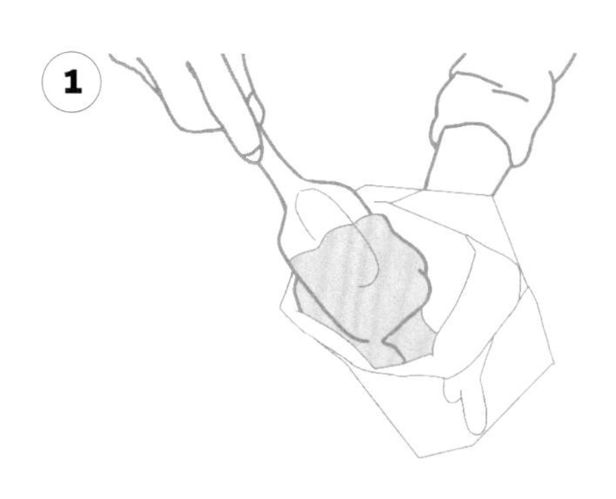

1

用刮刀刮取攪拌缸的內餡，填入裝有擠花嘴的擠花袋中。將您的擠花袋裝至半滿。將剩餘的袋子捲起，轉1/4圈，用掌心將內餡推至擠花嘴的方向。

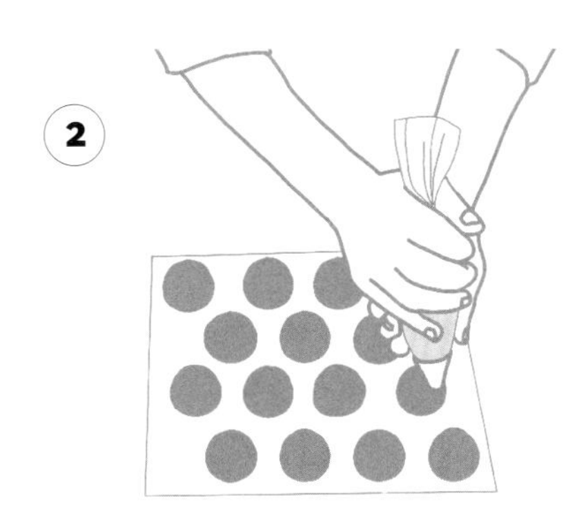

2

在烤盤紙上方2公分處垂直握住擠花袋，並輕輕從上方擠壓。

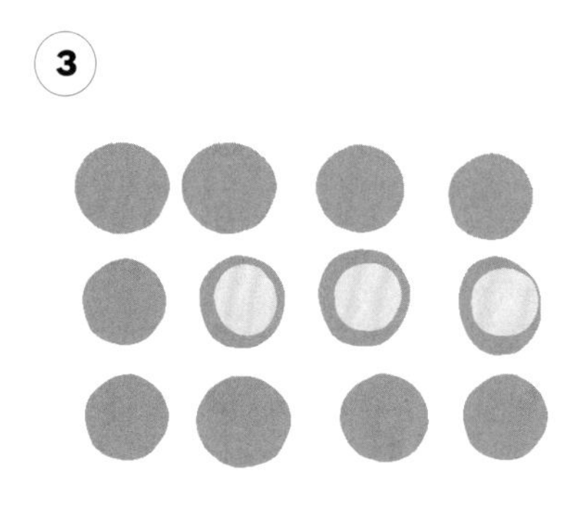

3

爲一半的餅殼填入大量的內餡，並在周圍留下3公釐的邊。

4

若配方中有其他的夾餡材料（糖漬水果塊、餅乾丁、果凝、果漬...），放入後請在上方再擠上一點內餡或甘那許，讓餅殼能夠黏合固定住。

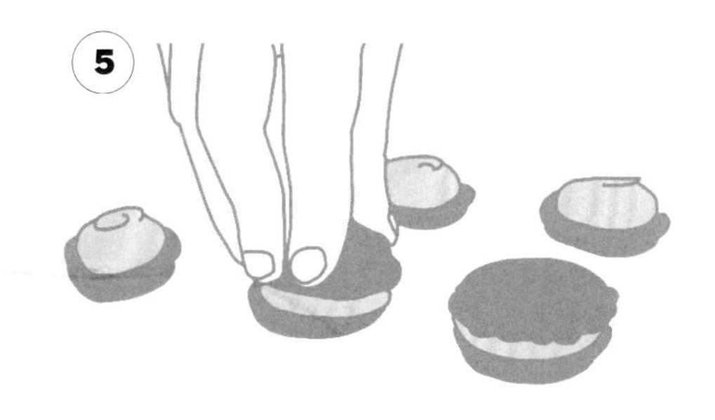

5

將填好餡料的餅殼與剩餘的餅殼組合夾起，同時注意餅殼的大小務必要相等。

6

將馬卡龍一一擺在鋪有烤盤紙的烤盤上。冷藏保存24小時後再品嚐。

Les Ustensiles

器具

在製作馬卡龍時需要一台可精準測量至公克的電子秤 balance。

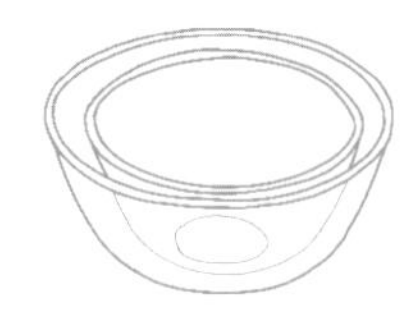

請準備不同大小的玻璃或不鏽鋼深缽盆(jatte)，以供製作使用；深缽盆因底部呈圓形，也被稱為「雞屁股cul de poule」。

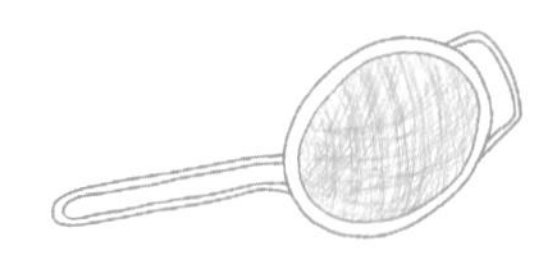

網篩tamis用來將杏仁粉和糖粉篩檢出更細緻的粉末。

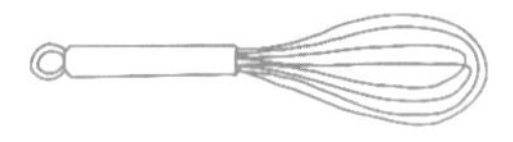

使用您烤箱所附的烤盤plaque à patisserie，但若是準備多個烤盤可加速製作過程，而且能一次擠出所有的餅殼麵糊。

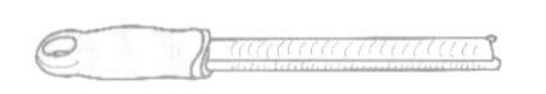

刨刀 Microplane可將果皮刨至極細，以製作水果類內餡。

刮刀 maryse，這種頂端為橡膠的軟刮刀可用來裝填擠花袋、攪拌馬卡龍麵糊而不會破壞結構，並用來刮取深缽盆中的備料。

手動網狀攪拌器 fouet用來調製奶油醬和甘那許。

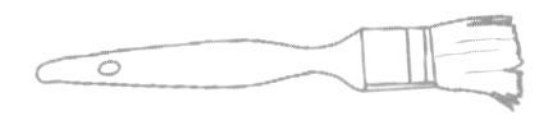

糕點刷 pinceau à pâtisserie 可在煮焦糖時用來擦拭鍋緣。

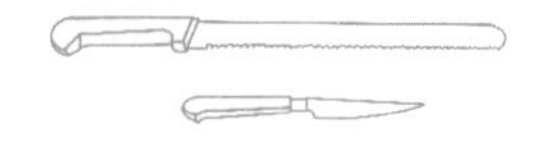

用來切巧克力的鋸齒刀 couteau-scie和小刀 couteau d' office。

22-24公分的大焗烤盤 plat à gratin，用來讓甘那許和奶油醬冷卻。

保鮮膜 film alimentaire用來包覆裝有蛋白和內餡的深缽盆。

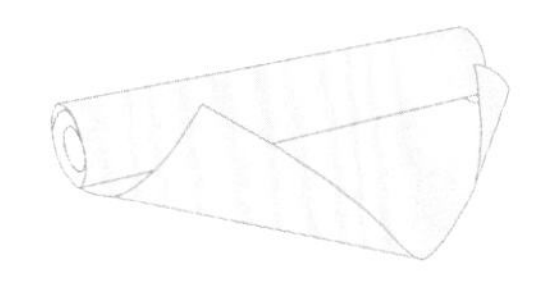

在製作馬卡龍餅殼時所不可或缺的烘焙專用烤盤紙papier sulfurisé。

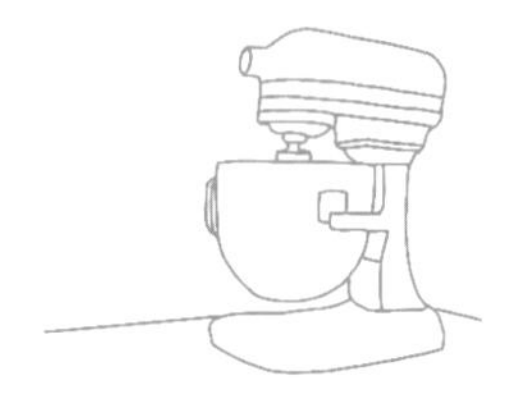

電動攪拌器可將蛋白打成蛋白霜，以製作馬卡龍餅殼的義式蛋白霜。

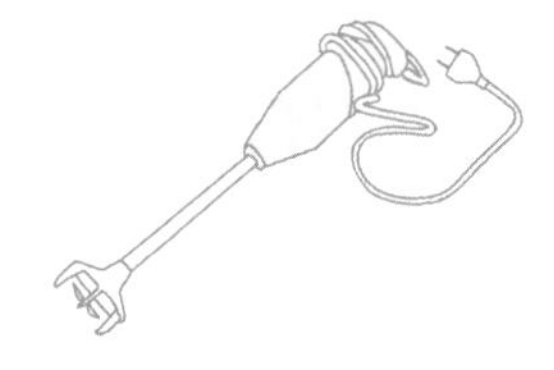

手持式電動攪拌棒mixeur plongeant用來將甘那許和奶油醬打至平滑，以獲得均質的混合物。

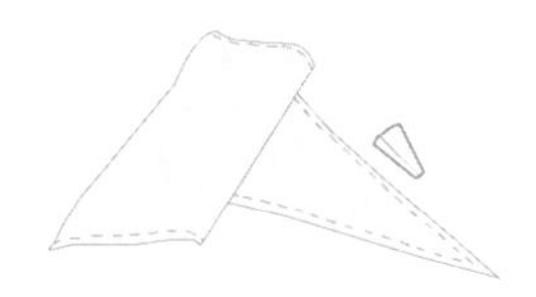

有尼龍或可拋棄式的塑膠擠花袋poches à douille。若要製作馬卡龍，請使用11至12公釐的平口擠花嘴。也需要一把用來將袋口剪開的剪刀。

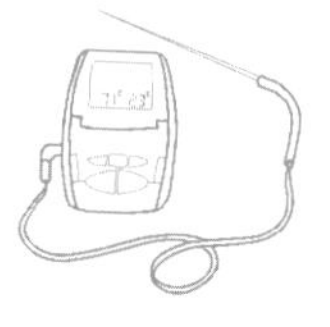

電子溫度計為製作義式蛋白霜所不可或缺，它可精準地掌控糖漿的烹煮狀況。